U0454201

光尘
LUXOPUS

你好，我们

HELLO WOMEN

李小萌 著

中信出版集团｜北京

愿你，为自己，尽情活！

欢迎来到真实的世界

一

这是一本很"酷"的书。这里所谓的"酷",是本来意义上的"酷"——"酷烈""残酷"之"酷"。各章的标题就透出这种色彩:"要么重启,要么淹没""随遇不安,直面残酷""生而无畏,积蓄力量""让独立成为事实""刷新与破局""失控与创造"。读者很容易从中感受到一种从苦痛、艰辛的经历中救赎出来的清醒。简言之,这是一种与"醒"密切相关的"酷"。

人的所有的力量中,醒,是一种重要而又极易忽略的力量——人一直在昏昧之中,什么力量都无从说起。

说到"醒",我们自然想到了《黑客帝国》的名场面。墨菲斯摊开双手,右手一颗红药丸,左手一颗蓝药丸,让尼奥决定吃下哪一颗。选择蓝药丸,就是选择了重回熟悉(因熟悉而舒适)的虚幻世界;选择红药丸,就是选择了陌生(因陌生而不适)的真实世界。当尼奥吃下红药丸,沿着狭窄漫长的通道坠落在荒凉的地面时,墨菲斯对尼奥说出那句著名的台词——"欢迎来到真实的世界"。

如果给这本书加一个副标题，"欢迎来到真实的世界"是一个不错的选项。

大男子主义的法国哲学家拉罗什富科曾说："女人有两大天敌——时间和真相，面对天敌，她们的做法只有一个——徒劳地躲避和掩盖。"他说的只是他的时代、他的圈子里的女性，这句偏激的话倒是提醒我们（男人和女人），真相像时间一样永远如侍在侧，躲避既无可能，也无必要。

但哪怕我们明白这个道理，当红蓝两颗药丸摆在面前，毅然决然地选择红药丸也不是件容易的事，因为真实往往意味着荒凉，真相常常暗含着不适。

生活中的很多事在事后被证明是正确、明智的选择，其实是"当初没得选"的选择，是一种让你觉得不幸过后才发现是大幸的运气。我们有时候会像爱丽丝一样，被命运的无形之手推进"兔子洞"，在恐惧和慌乱中坠入不可知的深渊，想不到后面会有那么多别有洞天的故事和桥段。李小萌也有类似的经历，但她的"历险记"显然不同于爱丽丝梦游仙境，除了远谈不上奇幻，最大的不同是爱丽丝的历险是由醒到梦的童话，而李小萌说的是她自己的种种辛酸变故如何令她由梦到醒。

二

读这本书的时候，本人多次想到安兰德的话。"我可以为你而死，但决不会为你而活。"以前只是觉得这话说得霸气（尤其是当一个女人对一个男人说这话时），但我并没有意识到其哲学的底色。我永远是作为一个人（而不是作为一个依附、屈从于别人的女人）活着，为你而死本质是上为我自己（作为人的责任和荣耀）而活，在责任面前当仁不让地死，本身就是我的活法（活出责任，活出荣耀）的一部分。说得更直接一些：我可以为你而死，但跟你（个人）没关系。

安兰德还有一句名言："你说'我爱你'，但你有'我'吗？"没有主语，何来谓语，一个连"（自）我"都没有的人拿什么去爱别人呢？一个形同虚设的"自我"所声称的种种行为（比如"爱"）只能是虚无缥缈的。

做人，尤其是做女人，要让自己的人生成为一个完整的句子，其中最重要的，是让这个句子有"主语"。用李小萌自己的话说，就是"让独立成为事实，独立的终极目标是走向精神独立"。

三

在现代世界，从行医到驾车，几乎所有岗位都要有执照和许可证，但最重要的"岗位"（丈夫、妻子、父亲、母亲）都是"无证上岗"的。其中最不可思议又最司空见惯的是人（自我）这个岗位的"无证上岗"。

"把平台当能力"并非少数人的认知误区，而很可能是一种通病。很多时候一个人只是一个界面或显示屏，界面的精彩纷呈不过是后台支持系统的呈现，但时间久了，人常常不假思索地认为精彩等于自己。"梦"的世界，就是这样开始的。

李小萌的不幸或者说幸运就在于，突变让她不得不告别梦游仙境的生活，来到真实而荒凉的世界，而且还得在这真实废墟上重建属于自己的世界。

而所谓重建，其实是前所未有的建立属于自己的后台支持系统，在自己所在的这个"位"上构建真正属于自己的"德"。

"重建"不是暗中以男性为参照系或对手的存量争夺，而是以超越男人与女人的"本来人"为蓝图的人格重建。如李小萌自己所说："男性和女性，并不是两种对立的性别，而是人类的品质分别以男性、女性呈现出来的两种形态、两个版本。"男人和女人以不一样的方式表现出人类亘古不变的美好品质——勇气、尊严、希望、共情和怜悯。

"柔中透刚，刚柔相济"是李小萌的观众和读者对她的共同印象。有人说，李小萌的特点就在于她有几分"男子气"。其实这样的"气"并非男子专有，而是作为人本该具有的气质和品格，只是女子以自己的方式透露出来。"柔"不是"刚"的对立面，在特定的时刻和场景下，"柔"是"刚"质地更优的版本，正如"刚"有时也是"柔"更为恰当的表达。

李小萌以菩萨低眉般的柔软语气讲述了不少金刚怒目般的事实，很酷。

吴伯凡

你好，我们

在看这本《你好，我们》之前，我以为小萌会把"女性独立"当成一个重要的主题去展开论述。直到读完，我才发现，她在这本书里"不着痕"地把女性的自尊最大限度地呵护了起来。只字不提"女性主义"，却字字在说女性应当如何摆脱被世俗社会的种种定义。或者说，小萌试图用一个"人"的身份去思考，作为性别为女性的"人"，如何在长久的社会文化的习俗和桎梏中，找到自我成长的合理路径。

男性和女性本质上是两种不同的生命呈现形式，但是在人性这一根本层面上，实际并无本质的差别。只不过因为各自承担着不同的社会角色和功能，所以他们会以不同的方式来呈现各自的困境与光辉。

最微妙的地方正在这儿，小萌完成了一本不以"女性主义"为框架和目标，却实现了当代女性自我觉醒的可贵写作。虽然书中大多数都是她对自己的剖析和呈现，却是在说所有女性面临的种种困境。写的是她，说的却是大家。而且更可贵的是，她不曾以任何

"成功者"的姿态来推销所谓的"成长心得",而是以个体的体验和思考,结合群体的困境和痛点,呈现出一种可供选择的底层思维和解决方案,这本身就是极具谦卑和开放性的一种认知方式。

这是我在之前很多的"名人著作"里,很少看到的一种姿态。主动,但不强求,而且毫无自我优越感。她所有的执念都是为了完成自己设定的一些目标,完成就是完成了,她的喜悦来自这种自我完成和实现,而不是她觉得自己做得比别人更好。

长期以来,我是非常推崇"终身成长"理念的。但是过去我很少思考我们应该如何真实地面对成长的方向,或者去深入地思考一个人在不断成长的过程中应当秉持哪些不变的观念。

面对变化,其实大多数人内心是非常容易陷入焦虑和恐慌的。很多人在长期面临这种境地之后,要么就"躺平"地任命运蹂躏,要么就不得已把自己置于"内卷"的无限游戏之中。我看到,小萌在面对不管是"躺"还是"卷"的现实时,表现出了一种特别的"随遇不安"心态,既能拥抱变化,又能泰然处之。实际上,大多数人都不太喜欢变化,准确地说,我们可能都是被迫接受变化,然而面对变化的态度,却构成了人生的真正分水岭。

在面对变化的过程中,小萌更进一步地讨论了,我们如何成为一个不被轻易定义的动态的自己。过去我们常说"成为真实的自己""活出心花怒放的自己",实际上,多想几步我们就会明白,"真实的自己"或者"一个天赐的自己"并不存在。"自己"的形成和诞生是一个不断变化的过程,这也是波伏瓦所强调的"being"(做)和"becoming"(成为)的关键区别。说实话,我从整本书里难得地窥见了小萌的"becoming"完整过程。很多名人写书要么很乐于展现自己光鲜的一面，要么热衷于陷入"卖惨"的另一面，以此来展示跌宕起伏的人生中可能蕴含的思考和启发。

小萌在整个写作过程中非常冷静，她把自己的生活、阅读和反思融为了一体，构成了一整本书的 8 个独特视角，或者说小萌经过深思熟虑之后认为应该秉持的 8 个关键观念认知，充分注解了"成为"自己的核心语义。而且，她并没有试图去说服你务必要选用她提供的解决方案。就像一位"久经沙场"的大厨，云淡风轻地把自己的菜肴呈现出来，让大家自己品尝，酌情选用。我读了不少和女性成长有关的书，但是这本《你好，我们》打开了这类著作鲜见的全新格局。

而且，这类书通常容易陷入一种偏狭的个人经验之谈，因为每个个体的所谓"成功"，其实是由很多复杂因素构成的。很显然，小萌特别注意到了这个问题，所以她虽然以自己的成长之路作为切口，但是在书中融入了大量的社会学、心理学、脑科学和神经科学的前沿研究成果，巧妙地拓展了我们认知和解决自身困境的科学方案。这是很多写作者非常容易忽略的部分，因为叙事动人本身已经具有非常强的杀伤力了，如果还能落点到科学和哲学层面来思考，那的确是又好看，又令人深思。这个阅读体验，的确挺令我意外的。这就在很大程度上削弱了自说自话、自我感动的写作窘境。

小萌的上一本书的主题是"儿童友好"，这本书变成了"女性友好"，她对女性和儿童的长期关注，让她具备了一种日拱一卒和长期主义积累下来的真实理性。大多数女性成长主题的书都试图用各种方式挑战和为难自己，从而让自己更出色或者更完美。其实，真相是大部分人都知道自己不可能完美。在我看来，不完美，才完美。如何接纳自己的不完美，才是成为更好自己的必修课。无数人因自己的性格缺陷而自卑不已，抑或终其一生都在徒劳无功地证明自己。实际上，只有真正学会接纳自己，与自己的不完美和解，才能够迎来人生的步步蜕变。她在这种共情之中，给大多数女性提供了一种可以选择的"理性共识"。

所以，当我们来看书名中的"我们"的时候，我就知道她已经和大多数女性站到了同一边。我也希望，读完这本书的你，可以真正体会到"随遇不安、成为自己和不虚此行"的珍贵和美好。

樊登

樊登读书首席内容官

《你好，小孩》之后，《你好，我们》来了。

"我们"是谁，是包括我自己在内的一群人。我想跟与我有某些相近之处的人聊聊天。而这群相近的人的最大群体，当然是女性。女性有女性的处境，女性有女性的立场，女性有女性之间无须言表的理解。你，我懂，我，你懂，这就是我们。

虽然，这本书写在我50岁这一年，但我并没有刻意选择这个时间，它并不是写给中年人的书，它甚至没有年龄感。你会看到我的童年、青春期是如何闪回在我的生命中，我当下的选择又会帮我铺陈怎样的未来。和上一本《你好，小孩》相比，我讲了更多自己的故事，有朋友看过后提醒我是不是非要这么深入地剖析自己，但我想这次的书写不是因为我是谁，而是因为我身上发生的转变——发生在一个生命个体、一个女性、一个母亲身上的转变。这些转变也正发生在每一个人身上。每一次转变，都是"成为"的过程。

最初，我的转变动力来自女儿，4年前，一个7岁的小姑娘。

家里发生了件小事儿，当时我不在场。

亲戚来家里玩儿，离开的时候女儿不让，亲戚说要回去工作，女儿说："你不要去上班，我们家人都不上班。"

亲戚跟她说："我不上班，怎么挣钱呢，怎么生活呀？"

女儿说："我们家有钱，我可以给你钱。"

家人转述这件事时，很享受女儿童言无忌带来的乐趣，我听后却是五味杂陈。我辛苦打拼 20 年，刚刚辞职在家两三年，我过的日子就已经影响了世界在女儿眼中的模样，我很难接受。

找到合适的机会，我跟女儿说："姥姥姥爷、爸爸妈妈年轻的时候都是认真工作的人，家里的钱是工作赚来的。我们用钱养育你，但这钱不是你的。还有一点很重要，工作并不只是为了挣钱，工作是为了让你成为有用的人。"话说完了，我心里的缺口反而更大了。

女儿的话对于我，就像冬眠的熊在寒冬熟睡时，突然被生命的躁动唤醒了。我想起一个画面，我在幼儿园等着接孩子，站着看手机时，一位妈妈在手提电脑上迅速地处理着工作，这个寻常的画面在我脑海里停留之久，显得缺乏道理。但我忽然明白了它对于我的意味，不亚于一个嘴馋的小孩在看橱窗里的冰激凌。

是的，我知道，我想要工作。

而那时，我离开工作岗位已经快三年了。42 岁时，就在一个专业新闻节目主持人的最佳黄金年龄，我从央视辞职了。那一年离开央视的主持人中，大家的选择各不相同，我是唯一一个选择回家的。

现在，我要重返工作。

从做出这个决定开始，四年的时间里，我所经历的一切是当时完全想不到的。我们总说要"成为"自己，我真的不知道我会成为此刻这样的自己，但我是不是愉悦的呢？是的，我成为动态下越来越好的自己。

这本书不是我的自传，也更加不是一本所谓的女性成长和励志书。我只能说，我在书里分享了自己曾经的、当下的困境，也讲了我是如何理解和应对的，我暂时涉险过关，不意味着像童话故事结尾那样"从此过上了幸福的生活"。周国平老师说："我不相信一切所谓人生导师。在这个没有上帝的世界上，谁敢说自己已经贯通一切歧路和绝境，因而不再困惑，也不再需要寻找了？至于我，我将永远困惑，也永远寻找。困惑是我的诚实，寻找是我的勇敢。"我也是如此，虽说我已经50岁，我不认为我该吃的苦都吃完了，所幸的是，和年轻时相比，面对磨难，多了一份谦卑和耐心。

作为一名女性，我内心的所谓使命感始终在倒逼着我，似乎每一个篇章只要不往女性身上靠，就是偏离主题，这让我在最初的写作中苦不堪言。但碰巧遇到一件小事，改变了我的想法。

女儿今年的班主任是男老师，我问她，和之前那么多女老师比有什么不同吗，女儿问我什么意思。我说，会不会不那么细心，会不会更有创造力。

然而女儿说："妈妈，你这是性别刻板印象啊，每个人和每个人都不一样，这种不一样比性别差异大。"

这几句对话让我意识到，一个女人的成长，就是一个人的成长，我碰巧是一个女性，那我就把自己当成一个样本，和大家分享就好，读者可以看到性别，也可以看到人性，都好，就让我以无差别的性别主义者的视角去探讨作为一个人应该获得的尊严。

写这篇自序时，我的眼前忽然浮现了我们中国人家喻户晓的一个女性形象——织女。织女本身是中国传统社会赋予女性的一种社会角色，因为古代一直崇尚男耕女织的传统定位。提到织女的时候，我们可以想到的最鲜活的故事形象，就是《牛郎织女》中的织女。在这个故事中，织女原是仙女下凡，嫁给了牛郎，过着男耕女织的日子，然而无情的天庭规则迫使她和夫君、孩子天地相隔，这是一出写满了"被动"的悲剧故事。

与此同时，我们还有一个不一样的"织女"，尽管大家都对她耳熟能详，但可能忘记了她织女的身份，这个"织女"就是花木兰。在花木兰的故事中，她从一个"当户织"的织女，主动蜕变为一个"万里赴戎机"的将军。她内在的主动性催生的自我觉醒，让她可以成为一个真正的孤勇者，只身奔赴战场。我女儿能整段背诵下来的第一首长诗就是《木兰辞》，作为一个女儿的妈妈，我很感恩我们的传统文化给世世代代的女孩们留下了花木兰这个人物、这个故事。这一女性角色，既有"当窗理云鬓"之美，又有"从此替爷征"的英勇。她出击的勇气，她从军的智慧，她解决问题的能力，最终实现了她对自身社会角色的一次重新定义和刷新。逐渐成长，跨越艰难，花木兰几乎成了女性自我实现的一种精妙隐喻。

是织女还是花木兰，真实的我们是哪种角色，只有我们自己有权评说。我们在无数不同的际遇和选择中迎接变化，不断成为一个崭新的自己。有人会因为这种多变的过程心神不宁，也有人在变化中随遇而安。我选择的方案是"随遇不安"，顺势而为，稍加努力，拥抱变化，与变化共舞，向变化学习；与此同时，在顺应变化的过程中，不随波逐流。我希望读完这本书时，你只做一个决定：为自己，尽情活。

当我写完全书的最后一个字，我忘记了我的年龄、性别，也忘记了我还是一个母亲、一个女儿，我只感到我是一个在天地间行走的生命个体，历经一路风尘，站在彩霞满天的山间、海边，大声地呼喊："我来了。"

目录

你好，我们

第 5 章
刷新与破局

第 6 章
失控与创造

你好，我们

第 1 章

要么重启，
要么淹没

告别的勇气：
做出最艰难的选择

我抓着地铁扶手，对面车门玻璃上映出模糊的自己。单肩背着一个棕色的、磨旧了的皮质双肩包，背微驼，口罩下的脸看不出表情，但我知道，我的眼神是游移的。现在说口罩，大家司空见惯，但在 2017 年的深秋，我戴口罩单纯是为了躲在口罩后面。或者说，虽然我的灵魂已经跟过去告别，但是身体依旧诚实。可见，告别一种旧的生活方式，需要的不仅仅是勇气。

下午车厢人不多，靠车门的一个大姐正嘎嘣嘎嘣地剪着指甲，指甲屑有节奏地弹射出去，没了踪影。她剪得过于专注，完全没看到旁边的小伙子。那个穿着熨烫平整的白衬衫的小伙子，盯着大姐看了几眼，然后用力闭起眼睛，深深吸了一口气，我无法猜测他的内心是厌恶、愤怒，还是无可奈何，或许都有。

内观自己，外观世界，是我数十年做记者留下的职业病。在这趟开往未知世界的地铁里，我似乎已经忘记了自己身处的状况，反倒对他人的世界观察得还挺起劲。当我缓过神来，忽然觉得自己无比可笑：明明都火烧眉毛自顾不暇了，还有心情去琢磨人家呢。是啊，在记者这个工作岗位上干得太久了，要想放弃，无异于放弃一种融化在血脉里的习性。实际上，哪怕在七八年后的今天，我的内心一直念念不忘的自我，可能始终还是一个记者——一个作记之人。

而此刻身在地铁里的那个人是出来找工作的，她和其他行色匆匆的求职者几乎没有区别，甚至更加艰难。因为她是一位离开职场3年、44岁的大龄求职者，而且过去的职业生涯只会让她在那一刻更加举步维艰。可能会有人讥讽说，好好的央视，是你自己不待，你为什么要辞掉那个媒体人心目中的金饭碗？而且，你总归是有一些可以拿得出手的成绩的，你又为什么把自己逼到这番田地？

这个问题一直到7年后的2022年底都有人在问，在好奇，甚至在编造谣言。辞职这件事非常简单，但是，我因为辞职所承受的舆论压力高到令人难以置信的程度。在各种谣言中隐含的那些最令人作呕的观念和意识，让我无从解释——你要和人性的无数枪口去对抗，不仅于事无补，还会空惹一身骚。所以相比之下，2022年底这场所谓"被开除"的谣言真是小儿科。"前央视""女性""自谋生路"这些我身上闪亮的槽点，成了无良自媒体、评论区狂欢的祭品。但就凭几句捕风捉影的谣言能伤到我吗？辞职之后的李小萌，无时无刻不在变成一个新的李小萌，虽然我的人格并没有变成一个全新的"刺儿头"，但是，我已经向过去那个逆来顺受的李小萌说了再见。

在央视工作的20年里，"金话筒奖""金鹰奖""全国三八红旗手"等荣誉都成为我工作品质的注解，但我还是在2015年提出了辞职。

我的辞职其实并不是个例，同一年离开央视的，还有大家熟悉的张泉灵、赵普、郎永淳，以及更多的幕后同事。对几位老同事辞职的真正原因，我无法一一知晓，但是，我们四个人的年龄、资历相仿，都是70年代初的中青派，辞职时也都处在事业的上升期。如果要归纳其中的共性，我只能说他们三位是有了更高的事业追求：张泉灵成为当红的投资人，郎永淳去了当时非常火热的B2B电子商务网站做高管，而赵普全力以赴地奔赴了非遗和传统文化事业。

几乎每一个人都在猜测我为什么辞职，真实的原因听起来非常另类且毫无追求——回家带孩子。其实，直到现在我也从未认为因为照顾孩子而辞职是没有追求，事实上，我一直引以为傲。女儿健康成长，和我之间心灵相通，我的付出有了回馈，在这段过程中，并非只是女儿受益，我自己更是受益匪浅。

即便如此，当我如实地跟领导说我要回归家庭、照顾孩子时，她万分震惊，反复跟我确认："你不是去商业公司担任高管，也不是要创业，而是回家？回家带孩子？真的假的？你就是不想干了啊？！"不理解，不相信，这几乎是当时所有人的第一反应。无数人以为我要去大公司、大平台担任高管，或者有了宏伟的创业计划，更有甚者传言我嫁入豪门，回家做全职太太，锦衣玉食，清闲自在……五花八门的猜测满天飞，但没有一个猜对。

那段时间，我所在的新闻频道正在改革，朝着以滚动新闻为主干内容的方向发展。我之前做的访谈类节目《新闻会客厅》改版成了新闻播报类节目《24小时》，每晚11点到12点播出。后来，我又去了晚上8点播出的《东方时空》，那时的《东方时空》也从一个家喻户晓的专题类节目改版成了整点新闻。这种调整意味着习惯自主性主持风格的我，将会长期陷入一种机械性的工作节奏中。

那时，我每天的工作流程就是，穿过长安街，走进办公室，开始按部就班地准备工作。在女主持人里，我化妆属于最省事的那种——不粘假睫毛，不贴双眼皮，不戴美瞳，头发吹一吹，20分钟搞定。不是因为天生丽质，而是因为我做记者时经常素颜出镜，观众知道我本色什么样，我怕捯饬狠了，内外差别太大。化好妆，就过稿子，大部分内容是定好的，不容发挥，主持人即便再怎么认真准备，也花不了太多时间。然后就去直播了——前后过程最多两三个小时，还没来回路上折腾的时间长。而且，因为是和其他主持人轮班，一个月只有一周或两周可以出镜。

相比之前的状态，这种工作称得上"安逸"。以前我做的大多是访谈节目和现场报道，过程中充斥着不确定性，但也让我兴致高昂，通过事前大量的案头工作、高强度的思考，我的见识得到了很大的提升。为了采访一个人物，我常常要在短时间内读完与其相关的三五本书，要穷尽网上有关他的报道，从而找到与众不同的视角，或者离真相更近一步。如果说播音的产出投入比是1：2，那么我之前的节目连1：20也达不到。我越是心心念念那些"不划算"的采访工作，越是无法从眼下的工作中找到原来那种兴致勃勃的劲头。可能是忙惯了，可能是承受压力也有快感，一下子安逸起来反倒让我不太适应。我虽然是播音系出身，但从1996年毕业进央视，到2015年，整整20年间我一直做记者、主持人的工作，当播音员的时间少得可怜。一开始，我也竭力去适应这种新的工作方式，因为我是个弹性非常大的人，就是很容易过得去，也容易过不去，讲究得起，也将就得了。但是时间一长，我发现我不能胜任读提词器播音的工作，这绝不是看不起这个工作，是我真的很难优秀地完成播报。相比于前辈那种游刃有余的工作状态，我常常感到挫败，甚至很多时候因为出错而觉得无地自容。以己之短而搏人之长，这种挫败感让我心生退意。后来水均益、敬一丹等好多同事、前辈说："小萌，你还是更适合外景，你在外景多灵动啊。"我也试图找外景或者主持的工作，但是那种有趣、多变、长见识、可持续进步的栏目，似乎消失了。

我曾无数次寻找自己在新闻主播这个新岗位上的成就感和价值感。起初，节目允许主播脱稿，当上千字的文稿被我用自己的语言清晰、简练、零口误地播报出来，当别人说"这家伙记忆力太强了，拿到稿子都不用背就播"时，我也由衷地感到骄傲。然而，"不许脱稿、必须念提词器"的规定一出，我就经常看着别人写好的稿子发呆。按照新闻工作的原则，我必须按照稿子讲，但是，很多话都不是自己的话，说起来总归别扭。

我那会儿跟如今的新闻主持扛把子康辉合作，每次看到他拿到稿件后能迅速消化并顺畅地播报出来，看到他云淡风轻、一切尽在掌握的状态，我心生羡慕，羡慕他在这种状态下的愉悦感和成就感。我也努力想找到这种感觉，但是越努力越挫败。我曾经也有过那种状态，那是身为记者、身处现场、跟人面对面交流给予我的正向反馈，让我始终为作为一个新闻工作者感到荣耀。然而，这种荣耀感被一点一点地从我的身体里抽离走了。哪怕我全身心地想要抓住它，但它就如手中沙，抓得越紧，越不受控制，终于在某一天，我的手里、我的心中空空如也。

很长一段时间里，我甚至需要用回忆让自己有动力去台里上班。回想20年的职业生涯，从进央视的第一天起，我就在尝试不同主题、不同形式的电视节目，但共同点都少不了跟人面对面的交流和碰撞。不管是像《东方之子》这种一对一的人物访谈、《新闻会客厅》这种多人谈话类节目，还是去往酒泉神舟发射基地、攀登海拔5000米的珠峰大本营、深入北川地震灾区腹地做大型直播报道，抑或是探访科索沃等联合国维和任务区的"小萌探维和"、探访中国人民解放军的"小萌探军营"、小萌探访阅兵村等这类个人化色彩十足的特别报道，那种追寻、挖掘和倾听，那种或火热或刺骨的现场空气，都让我又紧张又兴奋。这样的工作可以充分调动我的理性和感性，理性在于选择、分析、判断内容，感性在于我是一个需要环境支持才能焕发神采的出镜人员。

我知道，这一切鲜活的、有温度的感受再也难回来了。因为在演播室内、提词器前，这种鲜活荡然无存，或者说，我的理性不再被需要，我的感性也无以为继。

我试图奋力逃离这种状态，四处去寻求一个属于我的机会。在无数个夜晚，面对漆黑的窗外，我叩问自己的内心：我还能做什么节目呢？在现实面前，我找不到任何答案。

那些年我所看重的、感兴趣的节目形式，都尝试过了。不客气地说，无论再做什么节目，除了内容的区别，形式基本是在复制过去。当新闻中心副主任问我，如果不想出镜，想不想转做幕后，我笑着摇了摇头。我是个不甘平静的人，在那种安稳的环境下，我能做出什么像样的新闻节目吗？而如果无法遵从内心的理念呈现节目，徒劳的努力又有意义吗？说心里话，我至今仍特别感谢主任对我的体谅和关照，也谢谢她邀请我常回去看看。只是谁也没有想到，那一别，我竟然真的再没迈进央视的大门，一晃也七八年了。

很多年后，再回看当时的新闻人辞职，似乎是一个时代的终结。张泉灵、郎永淳、赵普等新闻人的辞职，可能不仅仅是因为有了全新的事业规划，而是新闻节目的发展来到了一个重要拐点。很清楚的是，我主观上并非受一种在别人看来可以被称作"情怀"的新闻理想所引领而辞职，我只是碰巧选择了回归家庭。但是回望那段时间，媒体人仿佛暗自相约般纷纷辞职转行，不是投身互联网公司做起了公关、自媒体，就是转行从政，或者是到大学当起了老师。尤其是调查记者的式微，犹如无法遏制的连荫，绝非三三两两的个案，几乎堪称那个年代的一种若隐若现的注解。

就拿当年冲到汶川地震一线的调查记者来说，根据媒体的报道，《南方日报》第一批进入震区的记者赵佳月，2010年去了阿里巴巴，负责公关；《南方周末》汶川专题报道的策划人之一郭光东，2015年加盟饿了么，担任公关副总裁；郭光东的同事、徒步走到映秀镇的记者曹筠武，去了阿里巴巴，成了淘宝公关总监；写出著名报道《回家》的《中国青年报》记者林天宏，去了万达做内刊，后又跳槽到阿里影业；写出《围剿地沟油》的《中国青年报》记者蒋昕捷也在2016年加盟阿里。《京华时报》《21世纪经济报道》《冰点周刊》等一批经验丰富的主编、记者离开媒体业，走进百度、阿里巴巴、腾讯等互联网大厂，有的成为公关总监，有的做了市场部负责人，有的直接进入公司高层。

很多读者可能会说，你们自己跑去赚钱，做自媒体的做自媒体，带货的带货，难道就那么在乎钱吗？就不能为了新闻理想再拼一拼吗？说实话，一边是万儿八千的工资，一边是动辄年薪百万的待遇，至少我无法要求他们为了理想放弃更好的生活。而且，另一方面，今天的新闻平台，算法推送大行其道，他们即使留下，能实现自己的新闻理想吗？做一篇深度调查报道的观看量比不上网红小哥哥、小姐姐们的几个动作，大家也只能心照不宣地接受调查记者的崩塌。如果现在，你还能偶尔看到一些有深度的调查报道，我想大概离不开 10 年前那些坚持下来、苦苦挣扎的"傻子"们。

但是这种残酷的真相，整个社会并不能感同身受。以至于从那往后，重大新闻现场的调查记者可以说寥寥无几，我印象中只有《三联生活周刊》《人物》《财新周刊》等少数几个媒体，保留了小部分调查记者，在重大新闻事件中发出自己的声音，保住了深度报道的一点儿体面。当前，不仅新闻审核标准越来越严格，公众组成的媒体环境也越来越不适合深度调查记者生存。千辛万苦的调查，可能敌不过评论区一句终极质问"我凭什么相信你说的"；跟进的事件突生转折，评论区又会被阴谋论充斥，令人挫败不已。今天我们在诸多重大新闻事件面前，抱怨为什么没有新闻记者去深入调查、探寻真相，为什么看不到哪怕一篇专业的相关报道时，才明白也许这些"为什么"早在 8 年前就已经定好了答案。

2022 年东航事件发生后，我在短视频平台分享了两位调查记者的报道，一石激起千层浪，无数人为之感动。当然也有人质疑我凭什么转述遇难者家属的自述，似乎我的转述是在往伤口上撒盐，是在吃人血馒头。实际上，新闻报道就是要抓住有限的窗口期替民众发声。事到如今，此事中的家属还能见诸媒体吗？不可能的，他们已经消失在新闻媒体的板块中了。很多自媒体拿着教科书里的新闻伦理，大批特批记者的"冷血无情"，没人知道自媒体坐在电脑前坐而论道，而记者们在前方生死未卜。我想用亲身经历告诉大家的是，新闻是走出来的，真相是调查出来的，靠骂、靠标题党断章取义赚取流量，永远无法触及新闻的真谛。很多人问我，你还想回去做记者吗？我当然想，但已经回不去了。如果非要追问一个原因，可能是一个我们都知道但又不便讲出来的答案。时代的变化，让我们当初的想法已经不合时宜。当然，从另一个角度说，在自媒体时代，我们每个人都成了记者。想想看疫情期间，你有多少信息是从一条条非专业拍摄的视频中获取的，记者回归的必要性就有多么小。

我仍然记得 20 多年前《南方周末》的新年献词："总有一种力量让我们泪流满面。"关于北川地震灾区的那条作品《路遇》，就像一张泛黄的老照片永远停留在了 2008 年，只在某些特定的时刻才会被人们翻起。2022 年的 5 月 12 日，当一些个人和机构的视频账号再次发出《路遇》，大量的老观众向我发来问候。一条评论让我内心五味杂陈，他说："原来当时的新闻还能那么做。"

说回我自己，2015 年的时候，在领导和同事眼中，我就算离开央视也应该是开公司、进大厂，回家算怎么回事？"你怀孕生孩子都没辞职，现在孩子3岁了，反倒要回去带孩子？"顶着无数人的质疑，我做出了这个决定。

我38岁生下女儿本本，属于高龄、高危产妇。从一怀孕，我就母爱爆棚，整个孕期都沉浸在宁静美好的情绪中。当把我的小宝贝真真切切抱在怀里的那一刻，更是觉得她因我而来，我一定要对得起她的到来和无条件的托付。本来只打算母乳喂养6个月，但女儿对乳房的依恋超乎想象，一次次地跟她商量，推迟到一岁、一岁半、两岁，但每次看到她声嘶力竭地要吃奶，又一次次地心软。直到2014年底，我要去澳大利亚布里斯班参加G20峰会的报道，才提前一个月给女儿断了奶，那时她已经两岁十个月了。20天后我回到家，两岁多的小丫头竟然会赌气不理我，我讨好了老半天，她才扑进我怀里大哭起来，我心里的滋味真是又愧疚又心疼又想笑。孩子的确对我的心力牵扯极大，并且越来越大。再加上台里节目的改革，有一天我脑袋里闪过一个念头：也许我可以选择全身心陪孩子，做一个全心全意的全职妈妈。

这个念头冒出来的那一瞬间，我自己都吓了一跳。工作20年来，"在这里干到退休"从来都是无可争议、理所应当的默认选项，我们新闻评论部有句玩笑话："生是评论部的人，死是评论部的死人。"我从没想过以退休之外的原因离开中央电视台。

虽然显得冲动，但认真考虑起来，倒也不是不可行。一方面，孩子的爸爸跟我说："你放心，我不会让你因为我而后悔辞职，你就踏踏实实地陪孩子。"另一方面，我觉得自己不是一无所有、未经世事、完全依靠别人过活的人，哪怕回家做全职太太，也不会被

　　　　　　　　　　　　　　　你好，我们

爱人看低、被别人矮化。因此，辞职这事儿对我没什么风险。

于是，我就真的启动了辞职流程。

同事、朋友知道后，没有一个赞成的。我闺蜜拉着我的手，泪眼婆娑地说："小萌，你知道你工作的时候是多么闪亮吗？你不能这么选！"我爸说："你能有现在的影响力，自己付出了多少你自己最清楚，要是辞职，没有回头路。"我妈说："虽说你的收入没有你老公多，但女人总是要有属于自己的收入。"还有一个反对声音来自我女儿。3岁大的小不点儿明确地在家里宣布："我不想让妈妈辞职！"

她问："妈妈你真要辞职吗？"我说对。

"那我要去你单位看一看。"又小又坚决。

于是我带她来了趟"台里一日游"。我们先去了化妆间，化妆老师在她脸上扫了两个小红脸蛋，又梳了两个特别好看的马尾辫。播出区有武警站岗，不让随意进出，她就只探了探头。我们又去食堂吃饭，还吃了个冰激凌。最后，走出大厅的时候，女儿说："妈妈，我真觉得这儿挺好的，你别辞职了。"

我把她抱起来，贴着她的小脸儿说："妈妈觉得，这个阶段我的心更想多和你在一起，或者找一找自己还有什么想干的事。妈妈跟你保证，不会永远待在家里，等找到了想做的事，我还是会去工作。"

辞职回家后一晃就是三年，想做的事情一直没找到，但一个现实问题摆在面前——账户上没钱了。虽然我自己有一套房子，但手上现金不多，眼看着要给女儿交学费、续保险，颇有些头疼。在

《你好，小孩》里我说过，我不能允许自己变成一个伸手要钱的人。虽然收到过承诺，但是当真的需要伸手要钱时，我自己都接受不了。所以，我必须快速地找回属于我的独立的经济来源，而且要能够独立支持自己和家人的未来生活。这是我人生第一次"财务危机"，也是我需要面对的内心世界的一次危机。

回顾前半生，无论是告别央视，还是告别全职太太，我都异常地决绝。在很多人看来，这是一种勇气，但是对我来说，只是一个不得不做的选择。我并非想要给大家展现一个雷厉风行的形象，而是我确定要做的事，就会努力去做。这是我人生的一个基调——去完成自己定好的事，也是我一直未变的一种"认死理"哲学。我不知道它是否正确，但在重大的人生选择上，我全靠这种坚定和勇气，支撑着自己在随遇而安的世界里，始终保留那么一份不安的动力。

一
小萌说

我确定要做的事，就会努力去做。这是我人生的一个基调——去完成自己定好的事，也是我一直未变的一种"认死理"哲学。

思考财务：
敢于谈钱的人生

之前从没想过，有一天我会如此迫切地需要鼓捣"钱"。突然之间，一个全职在家的我，一个似乎从不为金钱发愁的人，需要赚钱养家养孩子养自己了。就像从没喝过咖啡的人，甚至因为没喝过而自认为讨厌咖啡的人，突然要去做一杯卡布奇诺。

"跟钱有仇"是从小到大别人对我的普遍印象。在电视台这么多年，我基本不接商演、不走穴，更没有代言，每月就拿着台里的工资过日子。我虽然不会宣称自己"最穷"，但从走出学校进入社会起，我就是一个与钱绝缘的状态。2003 年前后，当同事开着保时捷、卡宴，我开的是和我爸凑钱买的帕萨特 B5。我不是哭穷，也并非标榜自己清高或特立独行，而是在"钱"的问题上，我就没怎么想过，也就更不可能想明白了。

20 世纪 90 年代末，我大学刚毕业，北京最贵的商场还是王府饭店的地下商店，也是在那里我初识各路一线大牌。但不知怎么，我并不认为那些奢侈品和我有太大的关系，大概是觉得放弃比争取更容易。看着同龄人凭借自己的力量积累财富，日子过得有声有色，我都不确定自己有没有羡慕过。只有真到了财务窘迫的份儿上，我才质问自己：钱这么重要的生活必需品，我凭什么那么傲慢，凭什么对它不闻不问？

回想当年自己对钱那么不开窍，那么无感，归根结底，还是认知和能力问题。从大学到工作再到结婚生子，我没有离开过北京，没有远离过父母，没有生存压力，也没有要过豪华生活的野心，只是一日日埋头苦干着手里的事。从央视《半边天》栏目起，我就憋着一口气，生怕让相信我的人失望，从前台出镜到中后台编导、剪辑、制片，我都能自己上手，能加的班我全加，工作量经常排在第一名。至于各种收入，汇总起来比同龄人多不了多少，也少不了多少，足够我在北京过着简朴低调的生活，没什么压力，也没有什么愿望与野心。

概括来说，我就是一个在电视台上班的乖孩子，不懂得人脉积累，不懂得规划事业和人生。所以绝大多数时候，我的人生，随遇而安。

我用一个很小的协作半径，走过了人生的半程路。不社交、不主动，外界以为的声色犬马的生活，在我的世界里只是一份简单的工作。你可能想象不到，不管是全国人大常委会副委员长、省部级官员，还是当红学者、一线明星，这些只有顶级资源才能采访的人物，我竟然从不主动合影，也从不主动交换联络方式。今天的我，真的很想抱抱当时的我，对她说："你的不自信化成了清高，你的怕拒绝变成了距离感，你把正常的人际交往看成了攀附，然后再用与世无争麻痹自己。但这不怪你，是你必经的过程。"

现在的我，会主动做这一切了，不是圆滑世故了，而是我可以抛下纠结，通过主动合影、留联系方式让别人感受到我的热情，感受到我愿意纪念这次相遇。我清楚地记得，2019年，在东南卫视的一个推介会上和工作人员的合影，那是我第一次张开双臂，一左一右揽住紧挨我的两个女孩，我的脸上是热情而自信的笑容。这么一个细微的动作，让我自己惊喜不已，我能感觉到，我变了，我放松了，心里不只有自我，也能放得下他人了。主动打开自己的感觉，太好了。

　　自信从容与财商的确立，有着很大的关系。原来的我缺少的，一是创造财富及认识财富增值规律的能力，二是驾驭财富及应用财富的能力。这二者加在一起，就是财商。财商是与智商、情商并列的现代社会三大不可或缺的素质，是实现成功人生的关键因素之一。培育良好的财商，需要树立正确的金钱观、价值观与人生观。

　　在人的一生中，财商形成的最佳时间是青少年时期。然而在我的青少年阶段——20世纪80年代，对财商还是闻所未闻。一个普通的北京工薪家庭，既没有穷到揭不开锅，也没有富到能了解钱、认识钱、驾驭钱，所以不大可能给予孩子现代意义上的财商教育，甚至有时会适得其反。我们对金钱的初期认知，大多来源于家庭的耳濡目染，以及社会文化的影响。我性格中对钱拒之千里的态度主要来自我的家庭情况和父母教育。我出生于一个小康之家，在父母的爱与陪伴中成长，不会每天为生计发愁，因此天然缺乏一种对钱的焦虑和危机意识。我父亲是一位老电视人，母亲是工厂医务室的医生。父亲一生没有其他的投资，就是按月领工资，靠单位分了房子，关于钱一直都坚持量入为出的朴素观念，更谈不上投资意识和增值意识。

在我父母那代人眼中，谈钱就是拜金，拜金就是败坏。20世纪七八十年代，还不流行"拜金"这个词，那时候常用的说法是"物质"。有一次，家里没钱了，爸妈还差几天发工资，他们就跟我商量："小萌，爸爸妈妈想用一下你存钱罐里的钱，行不行？"我有个陶瓷的小猪存钱罐，平时大人用不上的硬币会给我，我就把它们放进小猪里。那个年代，父母每个月的收入只有二三十块钱，标准的"月光族"。那天爸爸说完，我痛快地说："可以呀。"然后拿小锤子把小猪打破，把攒的一大堆硬币全都拿了出来。爸爸很高兴地跟我说："我们女儿可真棒，一点儿不爱钱。"小小的我，得到一个教育，一点儿不爱钱原来这么棒，可以得到爸爸的爱！现在，如果让我从亲子教育的角度出发，我也会给7岁的小小的我一个正面肯定，但我会这样说："谢谢你，当家人有困难时愿意伸出援手，这让我感到很安心。等妈妈把钱凑齐了，会把属于你的钱还给你。"

还有一次，学校要求大家统一穿一种运动服，蓝色的，袖子上有两道醒目的白杠。那时候没有统一的校服，都是家长按要求去买回来。一个周日，我爸骑车出门，在街上转了一圈，迎着我期待的眼神回来了。回来后他说："没买到，商场下班了。"说完，用眼神端详着我。一直被夸乖巧懂事的我，只是点点头，什么也没说，结果爸爸突然把我抱在怀里，兴高采烈地说："哎呀，我女儿真好，是个不追求物质的小孩。其实我买着了，我就试试你。"那一刻，我完全没有了穿新运动服的欣喜，只有"劫后余生"的冷汗，"原来，直接表达自己的心情，这么危险啊；原来，不直接说出自己的欲望，这么安全啊"。

在父亲眼中，女孩子不应该把钱挂在嘴上，所以在我们家几乎不谈钱。这种"清心寡欲"的家庭氛围，造就了我"清心寡欲"的赚钱观念。一种强烈的应激反应会形成记忆，渐渐地，这种对真实表达的压抑，成了一种惯性。不仅如此，这种评价也成了一句咒语，让我深深地认为，不爱钱、不物质，是一个人必备的基本美德，于是它就这样在我的世界里扎根了。分析原生家庭对我的影响，不是为了埋怨父母，而是为了找到问题的根源，有些问题并非与生俱来，当我需要改变，我可以改变。

岁月的鞭子总会抽打到我们每个人身上，帮我们矫正不自然的道德光环。我遇到的人生困境，深究其原因，是因为金钱方面的捉襟见肘使自己少了腾挪的空间、进退的自由。走到人生的关口，我才知道，金钱本身并不关乎道德，而是关乎你对人生的掌控力。在面临重要选择时，如果能在财务上宽松一点儿，就可以少一些委曲求全，多一些从容淡定。敢于放远眼光，敢于放手去搏，敢于追随自己的内心，人生之路也会走得更加畅快一些。

过去我虽然是一位还算优秀的电视新闻工作者，但是我的收入定义了我对社会的贡献是有限的，也就是说，现实限制了我创造价值和使价值增值的能力。除此之外，我也缺乏驾驭财富和管理财富的意识与能力。简单来说，就是财商低。虽然我们一直倡导培养健全完整的人格，然而缺乏对财商客观理性的认知，我们的人格注定无法完整，甚至会因此扭曲。以我个人为例，对钱、对商业的偏见，让我逐渐失去了对生活的掌控，而这或许仅仅是财商教育的缺失下一个最微小而普遍的缩影。

斯蒂芬·平克在《人性中的善良天使》中说，二战之后，人类社会其实在经历空前的和平时期。尽管我们觉得有些地区战火纷飞，各种意外事故频繁发生，但从非自然死亡人口的数字来看，当前是人类社会前所未有的、持续时间最长的和平时期。你也许不相信，根据平克的研究，在前国家时期的原始社会中，每10万人中平均每年有500人死于暴力冲突，到中世纪，这个数字降为50人，到现在是多少呢？6~8人，而在大多数欧洲国家还不到1人。如果不以每年的数字来计算，而用人口比例来看，在部落社会，大约15%的人会死于战争，现在可能只是万分之几甚至几十万分之几。

人类暴力下降的因素很多，其中就有商业的贡献。商业的存在，增强了人类沟通和合作的同理心，增强了社会规则和合作效率。

宏观的思考似乎不是本书的主题，我更关注个体。那么，钱对于个体来讲意味着什么？一个工具。它是你生活的杠杆，是你能够跨时间、跨空间去分配的资源。它不存在好坏。它的好坏，只取决于支配它的人，取决于被用来做什么。如果拥有财富让你对生活更有掌控感，更有选择权，活得更有尊严，可以更好地对待自己和他人，实现价值，回馈社会，那么钱有什么不好的呢？正确的金钱观可以帮助你成为金钱的主人，用金钱实现更有意义的人生。而拜金，是对金钱崇拜，一切事情向钱看，乃至为了钱不顾一切，不择手段。当你根本不知道自己想要什么，误把钱作为终极目标时，才会反过来被钱所奴役。

然而，媒体舆论并不倾向于区分这二者。那些中了亿万彩票或得到巨额拆迁补偿款后反而妻离子散、朋友反目的社会新闻，经常会被总结为"人有钱就变坏""钱是万恶之源"。这类总结，本质上都是我们对人性求解不得后的超级大甩锅。

钱说：这个锅我背了好多年。

对我来说，用自己的影响力投身商业，不仅是实现自我价值的机会，更是一种责任。到今天，我才认识到只有公平的商业社会，才会培育出良好的财商，这背后意味着大量的知识传递者都需要树立正确的金钱观、价值观与人生观。金钱绝不是洪水猛兽，它充其量就是个放大镜，放大了一个人本来的品性而已。品性好的人会拿钱做很多好事，而迷失的人只会把钱挥霍在愚蠢的事情上。所以，一个人的金钱观，不仅能让你把钱看清楚，更能让你把自己看得更清楚。王尔德说："我年轻时以为金钱是世界上最重要的东西，等到老了才知道，原来真的是这样。"我没实现前半句，却彻彻底底做到了后半句。没有这次我自己创造出来的一次内心的"财务危机"，我也学不到这堂人生的必修课。

走到人生的关口，我才知道，金钱本身并不关乎道德，而是关乎你对人生的掌控力。在面临重要选择时，如果能在财务上宽松一点儿，就可以少一些委曲求全，多一些从容淡定。

只有公平的商业社会，才会培育出良好的财商，这背后意味着大量的知识传递者都需要树立正确的金钱观、价值观与人生观。金钱绝不是洪水猛兽，它充其量就是个放大镜，放大了一个人本来的品性而已。

重启的人生：
在没有可能中创造可能

目标清晰后，无非是想办法挣钱。对于一个上了 20 年班的人来说，找一份工作、赚一份薪水，大概是本能的第一选择。这对我来说，依然是用一种貌似精进的方式，实现我人生的终极懒惰——努力打工，少操闲心，天塌了有别人顶着。现在看起来，这种惯性的力量真的是太大了，哪怕到了今天，我创业的第五个年头，我有了自己的公司，同事和合作伙伴半真半假地叫我"老板"，我也本能地拒绝这个称谓，我会说："你才是老板呢，骂谁呢？"说完一笑，我知道，我的内心还能听到当初的心声："当老板，那太显眼、太麻烦、负担太大，我可不想受这个累。"

除了 1996 年，我主动申请去央视《半边天》栏目实习之外，我从没真正意义上找过工作，递交一份像样的求职信。说来也很神奇，就在我走进地铁、加入求职大潮的前几个月的某天，前同事李伦鬼使神差地联系我，问我最近关注什么领域。

李伦是经验丰富的电视人，制作过《生活空间》《社会记录》等家喻户晓的作品，也是我在《新闻会客厅》时的制片人。

2008年5·12汶川地震发生后，他给我打来电话："前方你想去吗？"我说："我就等着你给我打电话呢！"他说："你可真行，快收拾行李，打车去机场，我让秘书给你订机票。"后来，大家都看到的《路遇》一片中，我在片尾掩面而泣的长镜头，就是他争取再三保留下来的。当时领导认为新闻就是新闻，不要把记者的个人情绪加进去，但李伦出于做纪录片的经验和敏感，认为我的哭是有社会价值的，是符合社会心理需要的。因为他的坚持，数以亿计的观众看到了电视新闻灾难报道中非常独特的一个新闻作品。而我，也因为这个作品的加持，拿到了后来的"金话筒奖""金鹰奖"。李伦虽身处幕后，但一直备受业内尊敬，后来他也从央视辞职，担任了腾讯新闻的副总监（时任），大家熟悉的《十三邀》就是他创办的。

他找我，一定不是随便问问。

他跟我说他在酝酿和策划一档名叫《@所有人》的团队演讲节目。听了他的简单介绍后，凭直觉，我知道这会是个视野开阔、有创新、有挑战的节目。于是我肯定地说："我这些年关注的是教育和教育创新。"之前李伦并不喜欢我回家那几年的状态，说我整天就是晒娃。但他不知道我为了带娃，阅读了市面上几乎所有家庭教育相关的畅销书以及心理学、社会科学相关著作，上了很多涉及精神分析、心理咨询的专业课程，同时也结交了相当一批业内的专家朋友。所以当他听到我慷慨激昂地谈论我在教育领域的学习成果、认知和观点，他难掩意外："看来你这孩子没白带啊！"

聚沙成塔，这四个字特别适合我。我就像一只勤勉的工蚁，虽说没有远大目标，但每天做好眼前的工作，日复一日地慢慢做工，某天一抬头，面前的小沙堆已经有了高度。如果说工蚁的勤奋来自上亿年前的基因的召唤，那么我关注家庭教育的动力，则来自成为母亲之后的催产素累积、对女儿负责的初心和修补自己童年的渴望。家庭教育这个领域，是我除电视之外，人生中第二个渴望出发、主动连接、潜心学习和研究的领域。原以为，受益人是女儿和我自己，没想到机缘巧合，它将会影响更多的人，也将帮我开启我的第二段事业人生。

李伦策划的这个节目是 team talk，即围绕一个议题，以团队的形式进行大型演讲。作为话题发起人，我需要组织起一个演讲团队。"那你有人吗？"他问。我以前做事，没有 120% 的把握，不会轻易答复别人，但那次，我隐约觉得我极其需要这个机会，于是心一横，狠狠地说了一个字："有。"事实上，这种尽管只有五成把握，但敢于承担风险、靠自身努力去实现十成的心态，成为我后来创业的心理练兵。

这次的合作，是一个新栏目的实验版，没有报酬、不知结果，我必须把自己视为创始团队的一员，奔着"十成"的目标开始工作。这之前，我已经有三年没有离开过女儿半步、没有承受过工作压力，甚至没有在大场合讲过话了。我希望我的演讲团队里有学者、作家、教育实践者，最好还有明星，这样的演讲才会具有专业度、关注度和更丰富的视角。经过无数次沟通，我邀请到了儿童作家、三五锄教育的创始人粲然，一直为教育公平奔走的 21 世纪教育研究院院长杨东平先生，一位创新教育的探索者。这个阵容加上我自己，应该可以搭建一个很好的演讲阵容了。

　　阵容齐全了，接下来的工作核心就是打磨稿子。然而我知道，这只是一个独立的小项目，演讲完成之日，也是烟火燃尽之时。所以，我一边反复打磨演讲稿，一边找着工作，为钱的事情奔走。我能勇气十足地冲锋陷阵，但在面对父母、孩子时，内心又无比歉疚和柔软。我自己内设的一场心灵危机和财务危机，就如同一道陡峭锋利的悬崖，活生生把我的世界切成两个独立的部分。工作是我唯一的救生绳，对抗着让我倒向悬崖一侧的地心引力，而我自己奋力地抓住它，拼命地顺着它给的方向攀爬，希望它能把我渐渐拽回到我身心的安全地带。我这个人没什么机会孤注一掷，这次算是赶上了。我拼命抓住任何一根可以拯救我于水深火热的稻草，因为我相信，哪怕是稻草，也是一种可能，而且稻草多了，拧成的绳子，也足够承受得住我沉重的身躯了。我知道，只要重回工作的轨道，我就能靠自己的努力逃出这患得患失的泥淖。既然重启人生，就不要怕任何的泥泞与风雨。

　　筹备的过程紧张又磨人，我懒散惯了的身心被打碎重塑，甚至可以说，我比之前准备任何重大节目都更努力，因为从没如此背水一战。在我心中，这是辞职之后再现公众视野的一次重要机会，我必须让人以一种刮目相看的方式来重新理解我，重新看待一个离职再就业的电视人。录制如期而至，场面的确宏大，也让人耳目一新。我和李伦心中都憋着一股劲儿，我们希望用国际视野和移动互联网的精神重新定义这场演讲，无论形式还是内容，我们都想做出比肩国际的一流的演讲节目。我作为演讲的发起人，不仅要一字不

你好，我们

差地完成自己的演讲，还要串联全场、与嘉宾对谈，完成一场众创的演讲。如同一人同时扮演主唱和指挥的爵士乐团，要给人以放松即兴的观感，又要字字珠玑、严丝合缝，精准配合身后大屏上的PPT。每一句台词都是严苛而精妙的设计，表达的次序、用词都不能有任何差池，常常让人觉得命悬一线，转瞬又一马平川。

这需要调动我台前和幕后多年工作的积累，和前所未有的决绝信念。当掌声响起，音乐停歇，我听到了观众席的评论："太棒了，从前的你又回来了！""这才是你，你就是属于舞台的！"连很少夸人的李伦也给我发来微信说："很棒！"然而，谁能知道我这场盛大的复出背后，还纠缠着一个坠入窘境和令人暗自伤神的求职之旅呢？但是，我坚定地跟自己说，这不算什么，只管去做好当下之事就好。多年以后，我和冯唐直播连线讲他的新书《金线》，他说："无数人把着眼点放在成功上，却始终求而不得。然而，我们大多数人可能都忽略了做事的朴素标准，就是你做的每一件小事都要在'金线'之上，当我们能做好每一件不起眼的日常事，那么把事做成就可能是个常规动作。能成事的人，时间长了，就离成功不远了。"我听了，会心一笑，回想来路，幸运总是垂青于我，我不是不感激幸运之神，而是我发现，做好每一个本分，才是幸运垂青你的先决条件。

作为腾讯新闻颇具野心的初创栏目，《@所有人》第一季录制了三期，发起人和话题分别是：第1期，李小萌团队的"孩子，你不成功也没有关系"；第2期，马东团队的"油腻中年人"；第3期，罗振宇团队的"被剧透的百岁人生"。知道这个阵容后，我极度不自信，差点儿跟李伦急了。马东和罗振宇都是前央视背景，闯荡江湖多年，也都是演讲和谈话节目的顶流担当，而我是个失业在家、淡出荧屏多年的家庭主妇。我已经做好摆烂的准备了，比不上他们哥儿俩，我不丢人。各种内心的潜台词纷至沓来，我给自己搭了好几场舞台剧，默默上演了一幕幕自我哭诉和安慰的戏。谁知命运弄人，三期节目在腾讯平台播出后，观看数据最好的竟然是我的教育话题。大家分析，一方面，教育话题实在是家家户户几代人的热门话题；另一方面，我可能告别太久了，稀缺性反而成了高收视率的关键。收视数据的优异，对于别人来说或许根本不值一提，对我可是意义非凡。因为它不仅是一根绳索，把深陷泥潭的我拽离原地，给予我一种风采依旧的自信；而且它还像"万物裂痕"里漏下的光，照耀和指引我沿着教育的方向一路前行。

正是有了李伦的肯定，我找工作时便第一个想到了他，所以才有了开头我在地铁里求职的场景。我并没有跟他说明详细情况，只说想跟他聊聊，在地铁里晃悠了十几站，也没想好用哪句话做开场白。职业规划，未来打算，想做什么，能做什么，脑子里一锅粥。结果见到他，我一坐下第一句话就自动冒了出来："我没钱了，我需要工作。"说出来才发现，这既是我当时的核心诉求，也像是给自己人生上半场做了个总结。李伦镜片后的眼睛眨了眨，用他惯常语调不急不慢地说："多大点儿事啊。"

我一边庆幸辞职在家期间，没有和老同事、老朋友断了联系，一边听着他分析我的职业优势。他说，现在互联网媒体到了需要专业新闻人的时候，有大量长时间的新闻性直播，你太适合了，凭你的专业素养，完全不用担心。不过，回头看，他的这个预判或许根本拧不过时代的大腿。

我问出了最关心的问题：能给多少钱？你很难想象，这个问题，几乎是我人生第一次如此直接地问出口。他说，年薪的话，税前 100 万应该没什么问题。

盘算了一下这个数字，那可是我以前的职场生涯不曾见过的巨额薪资，悬着的心才算落了地。要知道，那段时间，焦虑的我甚至把开网约车、做家政也列入过备选清单，我也反复告诉自己没有过不去的坎儿，哪怕天天出去拉活儿，也能养活自己和家人。

"没有过不去的坎儿。"我对这句话的最早记忆来源于我奶奶。她是名副其实的大家闺秀，书香门第，她父亲在燕京大学教书，所以奶奶是那个年代少有的能识字的女人，也没有裹小脚，到了 30 岁还没有出嫁。我爷爷是一个山东的珠宝商人，是当年闯关东的那代人，到了北京觉得这里很好，就留下来没再走，在东安市场（现在的新东安）立了个柜台卖珠宝首饰。经人说媒他和奶奶相识，定下了这门亲事。奶奶后来回忆那段往事，跟我说"你爷爷挺知道疼人的"。当时，他们打算拍一组西式婚纱照，爷爷就事先差人送过来一双高跟鞋，并嘱咐"让她先在床上试，别摔着了"。奶奶没有琢磨要是在床上摔下去了更危险，她只把这句话看成了爱情。就这么一句体己话，奶奶记了一辈子，她跟我讲的时候，爷爷已经去世多年了。

嫁给爷爷后，奶奶每天会去店里看看首饰，有时候试到喜欢的就戴着走，把自己身上的摘下来，补在空了的位置上。东安市场旁边是大名鼎鼎的吉祥戏院，奶奶常去听戏，坐前面有八仙桌的雅座，爷爷会掐算着时间，在戏唱到一半时叫一碗阳春面，让伙计送过去给她。完全是民国甜宠剧的剧本。

然而，这样的日子没过几年，抗日战争爆发，侵略军进了北京。日本人看上了爷爷的生意，带着宪兵和枪，枪上刺刀逼到家里。面对这阵仗，爷爷只能将全部家业拱手相送，连一件像样的首饰也没能留下。奶奶讲述这段经历时，还有点儿怪爷爷懦弱，但她也知道，人家那儿上着刺刀呢。这个家道中落的故事，和其他生意人的似乎并无二致。从富足坠入赤贫，奶奶那样一个养尊处优的教授千金、富商太太，开始去给别人家当用人、当保姆，洗涮、做饭、带孩子……用奶奶的话说："就是给人当老妈子去了呗！"

小时候听奶奶讲这些，我只觉得是个特别遥远的故事，我不知道为什么会一直记得。奶奶肯定也想不到，当年听她讲故事的小孙女，现在遇上了人生的重要转折点，而这一刻，那些故事穿越时空来到她的小孙女眼前，是要暗示些什么吗？

我回过神来，合计了一下李伦说的年薪，怎么也够用了。相比奶奶当年的处境，强太多。我甚至没有想过要问问这个工作需要投入多少时间、付出多少精力，当时就一个念头：为了未来我和家人的生活，怎么都行。吃苦耐劳，兢兢业业，这一点我还是有把握的。

但没想到，新的职业旅程的第一站，我就打了退堂鼓。虽说背水一战，我也并不是真的什么都会去做，因为，既要勇于搏取，又要敢于放弃，才算得上是真正听从自己内心的声音。

　　　　　　　　　　　　　　　　　你好，我们

哪怕是稻草，也是一种可能，而且稻草多了，拧成的绳子，也足够承受得住我沉重的身躯了。

只要重回工作的轨道，我就能靠自己的努力逃出这患得患失的泥淖。既然重启人生，就不要怕任何的泥泞与风雨。

做好每一个本分，才是幸运垂青你的先决条件。

既要勇于搏取，又要敢于放弃，才算得上是真正听从自己内心的声音。

第 2 章

随遇不安，
直面残酷

直面失望:
遵从本心，学会拒绝

　　我感恩我人生的前半段，运气不错，也够努力，但近几年才逐渐意识到其实可以更好一些，并不是运气还不够好，努力还不够多，而是我被风险厌恶症绊住了脚，不敢冒险，害怕被拒绝，害怕让别人失望。另一方面，我又不是一个讨好型人格，不会为了得到别人的认可，去讨好身边的人，甚至可以说有点儿过于耿直和倔强。我只是无法面对别人的难堪，特别害怕因为拒绝产生的尴尬，甚至那种一瞬间的冲突感，我也不愿意去面对，所以我会接受很多不该接受的、不该忍耐的、本该逃离或放弃的事物。

　　在我的职业生涯里，尤其是过去做主持人的 20 年里，不管遇到过什么样大大小小的状况，我都义无反顾地往上冲。别人觉得我疯了，那么拼，其实我自己并不觉得有什么大不了，都是事后从别人反馈中才体会到自己的"不要命"，甚至有点孤勇的味道。但是，现在再去看那种冲劲，一方面的确是因为我不愿意食言，另一方面，就是我不会拒绝，内心那种挥之不去的害怕让人失望的感觉，既成就着我，也消磨着我。

有一年大学毕业季，我们做大学校长访谈录，不同的编导组提前奔赴各个城市踩点。我作为出镜采访人，则是连飞一周，每天上午采访完，下午飞到下一个城市，编导们击鼓，我就是那朵"花"。高密度飞行导致我得了航空性中耳炎，直到现在，只要我说话时间够长、音量够高，我的耳鼓膜就会产生一种很奇怪的松动感。我甚至分不清是内凹还是外凸，总之是一边说话，一边可以听到自己的回声，只有反复地吸鼻子才能有片刻缓解，这也成了职业留给我的身体的第一个记号。

2006 年，我接到探访联合国维和任务区的任务，利比里亚、科索沃、苏丹、海地这些曾经被战乱蹂躏的土地依然动荡，一触即发的冲突、战争遗留的地雷、核辐射以及仇恨和不安在这些土地升腾。那里的人无法依靠自己的力量修复，于是联合国派出民事警察和部队执行维持和平的任务，简称维和。这次任务有没有风险呢？只能说，没有保险公司愿意给我们的人身安全承保，后来还是敬一丹大姐的先生的公司，给每个人做了一份 30 万保额的意外险。30 万，上限。在我以往所有的采访出差中，我母亲从没干涉过我，但那次她真的担心害怕了起来，甚至有一点儿莫名的不祥预感，唠叨着劝我别去。我摆出一副贪小便宜的架势说："妈，你知道吗，每个人光机票就好几万，不用自己出，多棒啊！"就这样我在母亲面前蒙混过关，但她不知道的是，她的反常还是影响了我的心境，于是我在背地里偷偷写下一份遗书，告诉她万一我遭遇不测，要知道那是她女儿自己的选择，做了自己热爱的事，付出代价是值得的，生命的宽度远比长度重要。后来节目播出，我母亲在电视上看到我在苏丹和一群随机遇到的荷枪实弹、衣衫不整的民兵主动搭讪，脸色都变了。

实际上，面对任何采访任务，我都不会将安全因素放在首要位置考虑，不管是战乱、缺氧，还是自然灾害、疫情暴发，似乎我从没有评估过安全问题。看到这里，你可能有些疑惑，一个明明有风险厌恶症的人怎么会不评估安全风险呢？对我来说，因为未曾有过切肤之痛，所以对生命安全的风险总是无知无畏，但面对别人眼中哪怕一丝的失望，我内心的痛苦都是清晰而持久的，所以我咬牙不让它发生。这些都是站在今天的剖析，当时的我只知道自己内心有着一份从不为外人道的"英雄主义"。

要说这份"英雄主义"的极致，2006年3月参加中央电视台直播俄罗斯皇家飞行表演肯定算一桩。新闻中心领导希望找一位女记者登机体验特技飞行，这样有反差、有看点。那时，体力好、胆子大已经是我的标签，果不其然我被选中。我需要在直播期间登上一架俄罗斯特技表演的飞机，作为唯一的乘客参与特技飞行的全过程。登机前，我以个人名义签了免责声明，即无论发生任何意外，责任都不在俄方。而且，我作为一个毫无训练基础的人，除了安全带之外，没有增加任何其他的保护措施。驾驶员在前，满脸写着"无知无畏"的我在后，就这样坐进了一架老掉牙的小型教练机，飞机只有前后两个狭小的舱位，给人一种打农药的山寨飞机的感觉。坐上去的一瞬间，我甚至怀疑它会在空中解体。

然而这架破旧飞机却异常彪悍，在训练有素的特技驾驶员的操纵下，各种高难度的动作接踵而至：360度旋转、急速拉升、失速俯冲、反转贴地飞行……在舱里跟着翻滚的我，如同摇色大师色盅里上下翻飞的色子，天地乾坤不断颠倒翻覆。事后我才知道，很多个瞬间有超过 12 个 g 的过载[1]，甚至比航天员穿过大气层所承受的压力还大。难怪我会感觉有一只无法抗拒的大手，把我的脑袋往躯干里塞。驾驶员每一次转向，毫无准备的我都会被狠狠地砸向另一侧。最关键的是我只能用一只手去尽量控制身体，因为我的另一只手还拿着摄像机，对准自己扭曲变形的脸拍摄——我还要带观众一起体验对我来说已然失控的特技飞行表演。据说，那位安排我上机的领导仰头看着飞机的表演，不断喃喃自语："小萌太可怜了，小萌太可怜了。"

表演持续了几分钟，但对我而言，好像去了另一个平行世界。下了飞机，登机前都不怎么正眼看我的飞行员、俄罗斯皇家飞行学院的教练把别人献给他的一大捧鲜花送给了我。伸手接鲜花时，我发现，糟糕，我的脖子已经无法随意转动。直播结束，我获准提前回京。在飞机上，每当有颠簸，哪怕并不严重，我都会前所未有地心慌、出汗，手指紧扣扶手，浑身僵直，内心恐惧。这种特技飞行后的应激反应持续了好几年，对于经常坐飞机出差的我来说，苦不堪言。这算是职业给我身体留下的又一个印记。回到北京，我从机场直接去找了正骨大夫，他一边给我按、压、揉，一边平静地说：

1　过载（g），即在飞行中飞行员的身体必须承受的加速度，这些或正或负的加速度通常以 g 的倍数来度量。过载分为正过载和负过载。飞行员所能承受的最大过载一般不能超过 8，经过训练的高级特技飞行员，承受的过载可达正负 10g。

　　　　　　　　　　　　　　　　　　　你好，我们

"你这颈椎错位了。你知道这个位置错位再严重点儿，就会怎么样吗？高位截瘫。你觉得你挺勇敢挺光荣，你这是对自己和家人不负责，你这是消极。"老中医都是哲学家。

如果真如正骨大夫所说，我的行为是对自己和家人的不负责，那我的驱动力是什么？听从安排，相信权威，少思考、多执行，是我从小到大的生存哲学，也因此幸运地得到很多成功经验。不管是我的父亲还是央视，对于我都是不容置疑的权威，也提供给我足够的资源和庇护，我还需要多虑什么呢？不选择，比选择更安全、更稳妥。从小到大随遇而安的"好女孩"，养成了散淡隐忍的性格，要不是因为外部环境的突变，也许我就这样走完一生了。但命运女神觉得我需要经历真正的人生，她想让我这个过早开始接受推石上山的西西弗斯 [1]，去经历一些不一样的。

电视节目从来都不是一个人能完成的事，需要多部门多工种配合。主持人只是被推到了更容易被人看见的岗位而已，幕后还有一整个强大、密切合作的团队，制片人、策划、编导、摄像、剧务、剪辑、技术、助理……每个节目、每次直播、每个现场，所有人都要做大量的准备工作。不管在哪个节目组或项目组工作，我一直觉得我们就像一架复古的巡演大篷车，挂着"张家班"或是"王家班"的招牌，到地练摊，练完走人，大家都是其中的一员，缺一不

---

1 西西弗斯，希腊神话中的人物，因触犯众神而被惩罚把一块巨石推上山顶，由于巨石沉重，每每未到山顶就又滚下山去，于是他日复一日、永无止境地做这件事，西西弗斯的生命就这样在注定无望的劳作中慢慢消耗殆尽。

可。所以，越是如此，我就越要求自己用专业精神，去完成与其他岗位的精准衔接和配合。在我的内心，不让人失望和不给人添麻烦如同两把利剑悬在头顶。任何工作上的成绩、声望的积累，都不能给我带来真实的、持久的快乐，对我来说那些只证明了我比别人幸运一些，与我的主观努力关系不大。后来我才知道这叫"冒名顶替综合征"[1]，但在名利场上，这种心态反而是一道安全锁。我对台前工作自带的虚幻光芒非常警觉，我不希望自己活在一个滤镜下的世界里。

不管如何努力分析心理成因，不可否认的是，我身上有一种自觉的纪律意识——主持人是一个工种，是摄制组全组人努力和心血的呈现出口。这个出口如果顺利完成任务，是整个集体的荣耀；如果有辱使命，那一定是对整个团队的辜负。这一方面让我保持谦逊，一方面也让我时刻保持压力。有一个比喻特别贴切：战场上，士兵浴血奋战，已经顾不得想使命和大义，只有一个目标，就是和战友一起活着回家。

但是，我从来没想过，有一天我会抛下战友跑了，而且是在我人生最关键的分岔路口。

李伦给了我百万年薪的口头许诺后，他也在动脑子，他说小萌的复出要想有影响力，必须和大的热点关联。为了帮我打响复出的

1　冒名顶替综合征，最早由临床心理学家保琳·克朗斯和她的同事苏珊·艾姆斯发现。患有冒名顶替综合征的人无法将成功归因于自己的能力，而只归功于有利的环境或幸运的机会，认为自己冒名顶替了他人的成就，时刻担心被戳穿。

　　　　　　　　　　你好，我们

"第一枪"，他给了我一个任何时候看来都相当震撼的新闻现场，还是一个跨国采访。仅仅几天时间，李伦派人通过新闻特殊通道以最快速度为我办好了赴日工作签证，我还没缓过神来，飞机已经在东京降落。那个我和李伦共同期待的复出之旅似乎已经万事俱备，箭在弦上了。

可是到了东京，事情出现了巨大转折。不是新闻本身，而是我。当我现场了解了新闻的各种线索背景、听了采访对象的亲口讲述，我越来越找不到追踪报道这件事所应该秉持的一些定见。面对这种意外的转变，我无法揣测是因为我对这次的报道找不到自己的立场，还是因为辞职多年的我对现场新闻节目的心态变了。由于本次采访涉及当事人隐私，我在此不便透露具体情形。但我可以说，当时的我完全能够不去深究体感，仅用 5 个 W[1] 的经典要素，就可以完成这次任务，水平及格，无须走心。

我的复出有被动因素，但也是郑重其事地想要再出发，我真的可以置自己的真心于不顾吗？如果开端就是这样，这条路我能走得长吗？不惑之年，还要违背自己的意愿吗？就如同我辞职之后学油画，一开始跟着一位老师天天练习临摹、技法，热情一点点被消耗；而另一位老师则对我说，你到现在这个年龄，技法不太重要了，你也学不来，最重要的是表达，通过眼睛和画笔，表达自己眼中的世界。

1　5 个 W，指一则新闻报道必须具备的五个基本要素，分别为何时（when）、何地（where）、何事（what）、何因（why）、何人（who）。

在东京出差的我，内心狠狠地纠结了两天：做，没有回头箭；不做，也是没有回头箭。第三天一早，我独自一人在酒店吃早餐，餐厅明亮安静，布置和菜品简约但不失品质感。节目组为了节省经费，只把主持人安排在好的酒店，其他同事住在最便宜的地方。咖啡、橙汁、煎蛋、麦片、小海鲜、寿司，每样我取了一小点儿，慎重地吃着。装橙汁的玻璃杯上的水汽，慢慢凝结成水滴滑落下来。我明白，越晚决定，节目组越被动，晚决定一天节目组就要为这个昂贵的酒店多付一晚的费用。渐渐地，我的纠结也从一片弥漫的水雾凝结成一颗完整的水滴，滴落下来，轮廓清晰，但冰凉。我给国内的李伦打了电话："这事儿我做不了。"

合作那么多年，他第一次见我临阵脱逃。"你还是没有做好重回公众视野的准备。"他斩钉截铁。

我说："不是，这件事我说服不了我自己。对不起。我知道整个团队为这次直播准备了多久，配置了多少资源，尤其是跨境直播……"

李伦应该很失望，甚至气死了，但电话里的声音依然淡定："没什么对不起的。你自己想好就行。"

"你自己想好就行"，这句话成了我那半年来听得最多的一句话。以前无论是生活还是工作，我做过大大小小无数的选择，但很多时候都是被环境、被周围人推着走。小学六年三好生，保送初中；初中三年三好生，保送高中；参加的第一次人生重要考试就是高考，以北京地区考生文化课、专业课双第一考上北京广播学院播音系，毕业又直接进了中央电视台工作。一路顺风顺水，过了40

岁，老天仿佛要把以前漏掉的大小考试都补回来。

即便已经挂了李伦的电话，但这份卷子还有未完成的加试题：

你是否可以为了复出，更准确地说，为了生存，违背本心？

你此刻拒绝一个抓得住的机会，后面没有更好的机会怎么办？后悔了怎么办？

……

一连串的问题，带来了越发坚定的声音，我不会再做之前的李小萌了，我再也不要勉强自己，我再也不担心后悔了怎么办，因为我此刻做出了属于自己的决定。

那么，泡汤了，我在老同事这多年的信誉。

泡汤了，我的百万年薪。

我一般在飞机上睡不着，然而那次回程却结结实实地睡了一路。就像我准备重归社会后终于睡了个整觉一样，回程这一觉似乎在向我宣告：你终于迈过了这道坎，不违背本心，不怕让别人失望。

一 小萌说

做了自己热爱的事，付出代价是值得的，生命的宽度远比长度重要。

技法不重要，最重要的是表达，表达自己眼中的世界。

随遇不安：
创造真正的"第一阶"

我不怕让别人失望，生活更不怕让我失望。折腾了几个月，工作始终没有眉目。

一筹莫展中，一年已经终了，我带着全家去了厦门跨年。厦门是我的福地，我的好朋友粲然在那儿等着我们。

粲然，就是前边说到的《@所有人》里我的演讲队友。粲然早先也是电视人，现在是著名的童书作家、阅读推广人，创办了一家很有特色的教育机构——三五锄教育。我和她是在微博上认识的，相同的育儿理念，相同的三观，让我们从线上走到线下，既成了生命中的挚友，也成了事业的合伙人。在她的邀请下，我拿出自己的私房钱，成为三五锄教育的天使投资人，我不懂投资，但是我懂得识人。就在她准备发力的时候，疫情来了，加上政策调整，对线下教培类的创业公司，真是致命一击。好在，如今的三五锄教育已经从三年疫情中挺过来，基于传统文化、结合现代教育体系的线上人文素养项目，赢得国内外成千上万家庭的认可。三五锄教育没有在变革中死去，是因为始终坚持素质教育而不是应试教育。据说后来有同行打听："你们怎么知道素质教育可以活下来，是不是小萌有什么内幕消息？"絮然和我真是快要笑出眼泪了，一个初心的坚持也被阴谋论了。我们从不把人文素养看成得分工具，人文素养是一个人生命的基石，我们当然要走素质教育路线。

厦门的碧海蓝天，闽南人的热情质朴，温暖着我，治愈着我。我在厦门休养生息，还获得了意外的转机。

知道我正在经历着什么，因此絮然对我们安排得格外细致，行程丰富。呼朋引伴，迎来送往，我每天都身陷热闹之中。跨年那天，我们还跑到距离厦门50公里的山重村，在"千年古村落，山水花中游"的美景中，度过了一个别开生面的元旦。一大屋子人，男女老少，对那时的我来说，人声是特别宝贵的。跨年的饺子宴，我妈妈，一个平时那么羞涩的老太太，竟然率领着20多个大人小孩，拌馅儿，和面，捏饺子，颇有一种大家长的风范。这热闹的人声，大人小孩的围绕，也驱散了妈妈心中为我不安的阴霾吧。

想起那天的情景，我脑海中的画面是个大全景：人小小一个，灯火星星点点，老房古树的暗影，潮湿清冷的空气。我不确定那晚有没有放焰火，但我的记忆里是有的。我望向夜空，眼下的焦灼、思绪的纠缠，都随着那璀璨焰火在古村落上空的绽放而消散，心中只剩下空灵和静寂。

这梦幻般的体验，让我发现，生活不会像你以为的那样一直滑向深不见底的深渊，不会一直向下，也不会没有尽头。只要你让自己维持基本的呼吸、进食、睡眠、与人交谈，那么每一天都会有更多的可能性。只要你跟自己反复说四个字——"会过去的"，反复说，那么你下滑的速度一定会减慢，你一定可以触底，你一定能够反弹。

厦门带给我的这份热闹，让以前完全不与人分享心事的我感受到，人在低谷时，不管你是跟一群人在一起，还是只与三两挚友倾谈，这种生命体之间的热辐射可以治愈人心。这种从社会关系网络中获得的力量，是过去一贯独行的我不曾体会的。独行不是因为我有多么强大，而是我始终把对内的求索看作人生唯一重要的动力，我更希望能自己解决问题，我甚至不相信真的可以得到赤诚的友谊和帮助。但是，古山重的烟火气打开了我，原来与他人连接竟如此美好。

奥普拉·温弗瑞在《你经历了什么？》一书中提到了一个词：社会关系贫困。书中说：在我们生活的环境中，我们真正"看到"的人越来越少，即使我们和别人接触，彼此交谈，我们也没有真正地倾听对方。没有真正和对方在一起。这种与他人情感联系的中断使得我们更加脆弱。这种关系贫困意味着，当我们真正遭受压力时，缓冲能力会更弱。对于一个关系贫困的人，独自一人承受痛苦的体验，会让人神经变得敏感，导致出现与创伤一样的生理和心理影响。

我很庆幸自己虽然没有刻意经营人脉资源网络，但因为秉性相近，近些年一直有自然而然走在一起的挚友，这无形中给我自己搭建了一个相对有利的社会支持系统；我也庆幸自己顺应本能，在关键时刻敢于袒露自己，接受朋友的善意，主动寻求归属感和抚慰。这种本能和勇气，成了我缓冲压力、疗愈创伤的关键。仔细想想，这些关键时刻跳出来对我施以援手的"女侠"们，大多是我有了女儿以后慢慢结交下来的。记得我在《东方之子》的同事说，觉得和我很难走得近，说我太客气了。为什么呢？

小时候，我家住在北京一个筒子楼大杂院里，妈妈很不喜欢我和院子里的孩子一起疯玩。有一年初夏，我和小伙伴一起偷吃了树上采下来的槐花，妈妈很生气，强行给我吃了黄连素，更严禁我下楼了。我一直对黄连素耿耿于怀。说来也奇怪，从小学到高中，我都是全班乃至全校住得离学校最远的孩子，小学是 6 站公交，初中更夸张，离家 25 公里。形单影只，贯穿了我整个童年和青春期。

哈佛大学一个横跨 70 年的研究项目指出，一个人的幸福指数，最终是由社会关系决定的。与他人的连接越丰富、越紧密、越健康，幸福指数越高。

我不想让女儿再体会我的孤单，我要为她的幸福指数提升做力所能及的努力。从她两岁开始，我就身体力行地带着她和同龄的小孩社交，告诉她，随着长大，情投意合的好朋友比妈妈的陪伴还重要。如今，11 岁的她，已经有了关系很铁的闺蜜群。我想，在鼓励女儿与他人建立连接的同时，我也渐渐打开自己，在关键时刻帮助了自己。

朋友给予我的不只是精神上的陪伴和支持，更有真金白银的帮助，当然，授予我的不是"鱼"，而是"渔"。

我在厦门畅游了一个月，马上就要收拾心情回北京时，粲然拉住我，问我下一步到底有什么打算。

"你缺不缺钱？"

"当然缺了。"

"那你有什么想做的节目吗？"她忽闪着一双像鹿一样的眼睛，面带微笑地看着我。

其实折腾了这几个月，安静下来，我也开始反思一个问题：什么是我的热情所在？正像我跟李伦说的，离职三年，我最关心、最感兴趣、一直在学习的领域就是养育的命题。从怀孕开始，我阅读了大量关于亲子、育儿、成长的书，还有大量心理学、神经科学、脑科学的著作和前沿文章，我思考的问题也紧紧围绕着如何重新看待和梳理亲密关系。我越来越清晰地知道，在养育孩子这件事上，除了父母的本能和世代相传的经验外，更扎实的科学研究和更广阔的视野将让"从儿童利益出发的养育"成为可能。我有个朋友笑话我说，她每关注一个育儿博主，就会发现我在她之前已经关注了。每当身边有朋友怀孕，我也不管人家是不是会看，就会选 10 本养育类的书寄过去，心想哪怕她只读了其中一本或一段也是好的，在未来的某一瞬间孩子能够得到更好的对待，那就值得。

在拓展认知地图新边界的同时，我也把当今学术界达成共识的科学观点投射在自己的成长之路上，我感受到自己肉眼可见的成长和放松。而且因为《@所有人》的影响力很大，越来越多的机构、论坛、节目邀请我做公益的亲子教育演讲，我得以和更多的父母面对面交流，那么多深爱孩子的父母，在新旧养育观的纠缠下无所适从，我希望能给予他们一点点助力。

这一切复杂的思考、观察，就像一根根线，我把它们放在手掌心里，揉搓，捻转，我要把它们拧成一股绳，变成一张网。

所以，面对粲然忽闪的大眼睛，我脑袋里冒出来的第一个想法，就是做一档亲子教育类的访谈节目，专门探讨当时大热的话题：丧偶式育儿与父亲角色。

"那咱们走一趟福州，去找我师兄，他那么欣赏你。"

粲然性格温柔和顺，做事却沉着坚决，一点儿不拖泥带水。当天晚上，她就和团队鼓捣出来一份图文并茂、数据翔实的PPT——我的形象照、职业履历、自媒体影响力，以及"爸爸访谈"节目的框架。我一边感叹她的古道热肠和执行力，一边暗暗羡慕她有自己的团队。第二天一早，我们俩就坐着动车从厦门去了福州，去拜会粲然的师兄，时任东南卫视总监的陈加伟，他和我并非陌生人。

我们的初见是在2015年，加伟兄因为欣赏我作为一个新闻人的节目和立场，听说我辞职了，很快就来北京跟我谈。我还记得，那天为了方便送孩子上幼儿园，我把他约在了幼儿园附近的一个咖啡厅，他开门见山："跟我们干吧，广告、招商各方面条件我们都给你最好的。"当时我一心想着回家带娃，缺少马上投入一份新工作的动力，磨磨蹭蹭地喝着咖啡。加伟看出我的心思，似笑非笑地说："你可以仔细想想，如果现在没有想好，那我们约定，不管你什么时候想复出，第一个跟我合作。"

三年后福州相见，加伟，还是那个柔中带刚的典型福建男人，还是似笑非笑的表情，他有着大海一样的性格，宠辱不惊，看透世事。而坐在他对面的我，已经是另外一个李小萌了，从一个别人眼中事业有成、养尊处优的全职太太，走向一个正在蜕变、略显敏感焦虑，但神色决绝的女人。加伟的待客之道是亲手给你泡上一杯功夫茶，他在娴熟的洗茶、冲茶、泡茶、斟茶的腾挪中，逐渐对局面了然于胸。他像三年前一样开门见山："不用看PPT，这个节目想法不错，可以做，也符合我们东南卫视以言论、谈话节目立台的定位。条件还是像当年说的，按照我们能给的最佳条件给你。你回北京搭建团队去吧。"他甚至都没有叫来内容负责人，只叫上了广告部的两个同事来判断这个节目的广告好不好卖。

说实话，对于他三年前的承诺，我毫无理由寄予任何除客套之外的期望。然而，他却真的将只言片语当成一诺千金。

这次行色匆匆的会面，是我离开央视三年来第一次正式回到工作台前，提报方案，陈述想法，规划进度。几许生疏，又有几许熟稔，仿佛一只冬眠了很久的熊，终于被春的气息和生命的躁动唤醒，虽说睡眼惺忪，伸着懒腰，但已做好了为生存觅食的准备。

实际上，不管是创业还是作为节目出品人、制片人，都是我很多年一直刻意回避的工作选择，因为不想受累，不想劳心，因为习惯了"被安排"的那份轻巧劲儿。其实，人类一直以来的演化，正因为我们本来就是个"逃离"的物种。人类离开树林逃到非洲大草原，再逃离到欧亚大陆，一直在寻找新的选择。社会学者吴伯凡老师在和我讨论2023年我的首场女性大型演讲时说，要在逃离与迎头抗击两种状态之间，建立3B原则——扭曲（bending）、破局（breaking）、融合（blending）。扭曲是指改变眼下的目标和手段，随后进入第二阶段的寻求破局，最后到达第三阶段的逐步融合。整个过程中，忍让不是委"屈"，而是委"曲"，从来没有长且直的河流，都是走势蜿蜒，万折必东不回头。

脑海里一直有一个画面。全职在家期间，有一次我去幼儿园接女儿，在教室门口无所事事、东张西望地等孩子下课。这时进来一个妈妈，职场打扮，肩上是女式斜挎包，手里是电脑包。她风风火火地赶来，到了教室门口，找个椅子一屁股坐下来，掏出电脑，噼里啪啦地开始处理工作，根本不朝教室门口张望，只等着孩子来找自己。知道她很投入，不用担心她发现我的窥视，所以忍不住多盯了她几眼，看了又看，在我眼里，她浑身发光。

这个寻常的画面在我脑海里停留时间之久，显得没有道理。现在我明白了，它对于那时的我的意味，不亚于一个嘴馋的小孩在看橱窗里的冰激凌。

辞职做全职妈妈是我的主动选择，照看女儿、陪她成长的确非常有价值，我也很享受我们彼此的陪伴。但我毕竟是一个在职场多年、有工作惯性的人，回归家庭后，照看孩子只占用我一小半的精力。我还有一多半精力是浪费的，无处安放的。全职妈妈的生活并没有我想象中那么容易，要想找到价值感，比起在职场打拼反而更难。琐碎、复杂，会做不会做都得做，分内分外都是分内，时间一长，这片狭小的天地，有点儿容不下我了。就像是吃惯了粗茶淡饭，现在突然变成大鱼大肉，开始几顿还行，但吃着吃着，还是会想念原来的味道。

也是在那段时间，我在网上看到"一刻"的一个演讲，主讲人是一位女性，在分享她的创业故事。她开了一家高端定制的旅游公司，做得风生水起。演讲最后，她说了一段话，大意是"我今天能够站在这儿，要特别感谢我的父母、我孩子的家庭教师、我的司机，所有这些家里人帮我把孩子照顾好，让我能够全心全意去做我的事业。"说这段话时，她脸上没有对孩子的愧疚，只有主动选择后的自信和满足。

她这段话我到现在都记得，是因为她的演讲令我心生羡慕——我似乎不应该是那个被感谢照顾家、照顾孩子的人，我应该是感谢家人支持、打拼事业的人。

然而在家那几年，我的状态是什么样呢？不再注意形象，长头发随便在脑后挽一个发髻，也不再给自己买好看的衣服，脸上挂着若有若无的浅笑，情绪没有大开大合。我的一个朋友说："你的眼睛里没有了以前的那种光。"是的，我自己也意识到了。如果以前我的生命热度是55℃、微微冒着热气的话，现在可能只有30℃，成了不温不凉的白开水。不是因为没有聚光灯让我的眼睛失去了光彩、生活降了温，而是因为我跟社会的连接变弱了，我对他人的价值在消失，我的信念感在消退。

所以，这次和东南卫视的协作谈判，似乎给我递了一把重新定义自我的梯子。其实，现在回过头看，没有《你好，爸爸》怎么会有后来的《你好，妈妈》《你好，小孩》，还有即将举行的《你好，我们》超级演讲？怎么会有现在我自己的团队？怎么会有全网3000万粉丝矩阵？正如吴伯凡老师所说："脚下的道路如同河流，不断前行会'导'向新的方位；从第一个台阶不断向上，会把我们继续'导'向前方。"无论是产品开发、商业模式创新，抑或是这段人生，成功的方法论莫过于此。

你好，我们

在《小马过河》的故事里，面对横亘在眼前的河流，水牛认为它很浅，可以轻松过去；松鼠认为它很深，有葬身其中的危险。每当耳边有一种观点出现，我们一定要关注是谁在发声——水牛身体庞大、水性极佳；松鼠个头很小，栖息树上，二者本质不同。要学会将意见转化为事实，像小马过河一样主动尝试，服从"第一阶"原理的指引。无论如何，我们都要在"摸索"与"淹死"之间找到第三选择，它不是逃避、折中和委屈，而是超常的主动性和创造性。

从惯性地想要打一份工，到追随自己的内心，迈出敢于拒绝的一步；从别无选择走上创业之路，到发现自己的热情所在，带着使命出发，几个月的时间里，一步几回头，我终于坚定了自己的方向。我的人生曾经被动，但自此转向了被迫的主动，我把它叫作随遇不安。但愿，我可以从"被迫的主动"跳转到"主动的主动"，最终与自己相遇，一生不虚此行。

一 小萌说

人在低谷时，不管你是跟一群人在一起，还是只与三两挚友倾谈，这种生命体之间的热辐射可以治愈人心。

忍让不是委"屈"，而是委"曲"，从来没有长且直的河流，都是走势蜿蜒，万折必东不回头。

工作的意义：
往里走、向内看，重识自己

　　我之前完全无法想象，也不愿承认，一个习惯了在社会上打拼的人，突然被踩了刹车，身体和心灵会遭遇怎样的重创。我在2015年底辞职，2016年春天，我就病倒了。

　　上交了新闻出版总署发的记者证、中央电视台发的出入证，档案放到了人才交流中心，没有告别，没有总结，没有庆祝，也没有留恋，我的日子平平静静地从有工作滑向了没工作。我暗自庆幸自己调节能力挺强，过渡得很不错，甚至没有过渡。但三个月之后，我的身体开始向我发出了一些信号。我时常会冒汗、头晕、心动过速，我只觉得是因为高龄产子没能恢复元气。有一天吃午饭，我坐在餐椅上，手肘撑着桌子，孩子爸爸坐在我的对面。我只记得，一开始他正常吃着饭，突然咀嚼着饭菜的嘴不动了，一脸惊慌地盯着我，然后赶紧欠身抓住了我的胳膊，我才如梦方醒，问他怎么了。他说我坐着坐着突然往一边儿倒过去了。是吗，我自己倒没什么感觉。这么一来，家里人都有点儿紧张了，一致决定去医院检查。住院一个星期，从头到尾全面检查，洋洋洒洒的报告单显示，我，血清总蛋白低、动态血压低、钾低、血糖低，总之就是各种"低"。不看我本人，会以为是个弱不禁风、面色惨白的柔弱女子。

我问大夫这叫什么病，大夫从眼镜片后面看了看我："用最通俗的说法，你这叫——营养不良。""怎么办？""好好吃饭，补充微量元素，长十斤肉就好了。"我听了真是哭笑不得。在我刚开始有症状的时候，我家的阿姨说过就是因为我吃得太少，我那时还回嘴说我可不想变成个胖子。谁知，终究人民群众的眼睛是雪亮的。

一个懂点儿心理学的朋友跟我说，"你这是妥妥的退休综合征"。我惊呼没有啊，我每天都过得很充实。

辞职后，除了陪伴孩子，我把自己的时间表安排得满满当当，迅速报了英语班、油画班、烘焙课、健身房私教课。现在想想，这些学习后来都让我受益了，但当时我那个朋友听我像报菜名似的报了一遍，说："你这就是症状。"

"什么症状？"

"一般来说，退休的人，会觉得无助、无力、失落、无望。你看似和这些表现相反，其实是一种心理问题的两极表现。你害怕自己会无助、无力、失落、无望，所以不敢停下来；害怕自己有空闲，所以想尽办法把时间填满。你身体出现的信号，也许是某种心理问题的躯体化。"

虽说朋友并不是专业的心理咨询师，专业的心理咨询师也不会这么简单就下结论，但她的话还是给了我一个不一样的观察自己的视角。

现在流行立志，到多少岁实现"财富自由，提前退休"，才是成功的人生。似乎很多人都希望有朝一日能躺平、无事一身轻。我42岁辞职时，也是这么认为的。但现实真的不能一概而论。有人可以"春宵苦短日高起，从此君王不早朝"，有人却是"黄沙百战穿金甲，不破楼兰终不还"。为什么？因为闲着真难受。在我的朋友圈中，有房地产销售大佬，退休半年，受不了清闲，又杀入养老产业的；有本已财务自由，为了让儿子看得起自己，从零开始做新风系统的；也有普通工薪阶层，退休后开始从事公益事业的。只要做事，就必然有压力、有辛苦，但这些人的共性是，工作的苦易吃，闲散的苦难咽。以前不知道原来我也是其中一员，有时我会笑自己，我到底是有多不了解自己啊……

未经思考的人生不值得过，不断地往里走、向内看，是我们必做的功课。在身体和心灵不断向我发出的信号中，我慢慢建立起自己的意义系统，我知道我只有在付出和体验中才能感觉到活着。我属于高敏感型人格，头脑和心灵就像一个永动的磨盘，空转会使齿轮磨损，所以总需要一些豆子给它磨，那么与其给它磨那些负面产出的豆子，比如琐事、焦虑，不如去磨有正向产出的豆子，比如工作、前进。如果说以前是磨别人的豆子来加工，现在，我磨的是自己种出来的豆子，真是产销一体化了。生命的蜕变之旅让我从一个合格的执行者，逐渐成为一个问题解决者。解决者和执行者之间的本质区别是，解决者需要用一切可能性去解决问题，拿结果说话，为成败负责；执行者按既定方案去完成任务，注重过程大于追求结果。

必须澄清，我不是从此要变成一个支配者、一个工作狂，而是我知道有事情可做、被团队需要、有客户等待，为社会创造价值，是一件多么幸福的事情；我不是完美地平衡了孩子和工作的关系，而是希望当孩子看到我意气风发地在家庭和社会间穿梭时，也能感受正向的影响和激发。工作可以吸纳我生活中的不如意，屏蔽日常的焦虑感，给我心流的享受。我需要在动车上改书稿，到站后进行另一个主题的演讲；这边和作者一见如故地聊新书，那边在"三二一，上链接"。精神上、体力上一直保持着相对紧张的状态，但恰恰是这种紧张激发了我生命的活力，让我的生活又恢复到了55℃，热火朝天，希望升腾。我的营养师说，您马上50岁了，女人到了这个年纪，真该慢下来了。我说，生命不是无限长，它是有保质期的，保质期之内，该用就用吧！

每次说到工作对我的救赎，我都必须要补充一个立场。女性并不是只有工作才有价值，女性应该在没有外界压力下，选择最适合自己的生活方式。那种没有收入就没有家庭地位的观念，貌似鼓励女性独立，实质却是贬低了女性自身的价值。在家庭或婚姻关系中，平等是基石，不应因其他因素而失衡。如果女性仅仅因为收入少或全职在家而失去应有的尊重，那我们首先要做的，是审视这段关系。

知名心理咨询师李松蔚在《5%的改变》一书中说："在我的咨询经验中，很多全职主妇深受其苦，身边的人都在煞有介事地主张女人必须在婚姻当中保持经济独立，才能人格独立。这个声音很可能会被曲解为你不赚钱或者赚的钱不够多，在婚姻当中理所当然就会享受不到平等……婚姻作为一种契约，天然规定了两个人的利益风险共担。所以对那些让渡了个人职业发展、全力照顾家庭的人，无论个体收入如何，都享有独立的权利，这比单纯的财务分配更重要。独立跟赚钱多少没有关系。独立是天经地义的，不要以为说经济不独立，就在婚姻当中没有独立的地位，不能够跟丈夫平起平坐，没有话语权，婚姻就是利益风险的共同体。"

你可能会说，毕竟你算是个有社会知名度的人，又是台前的工作，重新开始当然比别人轻松。这点，我承认并且感恩。剔除我职业的特殊性，我在全职妈妈期间，有几件事没有忘记，毕竟我曾答应女儿，有一天，我会重返职场。

第一，保持核心能力的不断精进。我们其实不可能靠全面能力行走江湖，大多数时候，我们是赢在比较优势最大化上。也就是说，只有把自身的长板不断加长，我们才能足够锋利，成为我所说的"解决者"，而不是一个中规中矩的"执行者"。这个长板并不是指某个特定的职业，而是我们可以平移的能力。比如我以前做电视节目，现在做短视频；以前只是视听输出，现在还有文字输出；以前是一门心思做内容，现在还要挽起袖子叫卖。那么我平移的是学习力、表达力、洞察力、感染力、说服力。你一定要清楚自己的长板是什么，而且，相信我，你一定有。

第二，构建不中断的社会关系网络。不要中断与社会的连接，朋友、同事、朋友的朋友、同事的同事，平时是情感交流，关键时刻是社会资源；常刷朋友圈，线上和线下都要刷，在朋友圈留下人设，让别人在有机会的时候能不经意想起你。

第三，保持足够的视野，持续学习。选择大于努力，视野够开阔，选择才会有价值；有自己的兴趣和社会关切，才能找到热情所在；不断吸纳新知，才能为他人提供有经济价值的服务。

第四，做一个人品的长期主义者。我很庆幸自己当年在全中国关注度最高的平台工作，受到足够的注意。我良好的口碑和业内的认可，成为我复出时重要的通行证。你的行业也许并不属于台前，但哪里有人哪里就有江湖，你可以从一开始就主动塑造江湖对你的传说。罗振宇说，要做时间的朋友。的确，没有任何道路可以通向真诚，因为真诚本身就是道路。

不管你从事什么行业，这几条都适用。要做到这四点，关键在于阶段性地考虑和规划自己的生活，不是身在职场就不能停下来，也不是回归家庭就不会重返职场，告诉自己，这些都是我在这个阶段的选择，我还会变。阶段性思维，让我在有压力时敢于停下、敢于放松，也让我在身处财务和情感困境时，有转身的能力和动力。

有个心理学测试，让人们评估自己和以前比、和未来比，哪个变化大。大多数受试者认为，和以前的自己比，性格变化很大，但未来，自己应该和现在差不多。这显然出现了偏差。事实上，人们自身发生的变化，常常超出自我预期。所以，不管做出怎样的选择，都要提醒自己，这只是现阶段最好的选择，也许会持续到很久以后，也许不会，我们需要为不会持久做些准备。

人生没有模板，人生也没有一成不变的答案。不管活到几岁，我们都在不断重新认识自己。如果没有这次生活危机和财务危机，我的这个认识过程可能还要花更长的时间，幸而生活及时踹了我一脚。毕竟，工作再累，也敌不过"被困住"的累。

我也终于明白，勇敢地拥抱变化是真正找到自己、成为自己的方法。《成为波伏瓦》一书的前言里写道："做（being）自己并不意味着从出生到死亡都做同一个自己，做自己意味着，要在一种不可逆转的'成为'（becoming）的过程中，与同样在改变的他者一起不断改变。"

过去，我们始终试图成为一个在我们出生前就被设定的、别人期待的自己，实际上，这个"自己"是不存在的，唯有我们自己可以给自己一个定义。我之前不断说要听从内心的声音，其实内心的声音也是在变的。女性从出生就带着更多的标签，走向不被定义的自己需要经过更长的路。也许我们可以借鉴李小龙"以无法为有法，以无限为有限"的拳法，见招拆招，在动态中寻求一种新的平衡。融入生活，我们才能最终成为流沙中真正的磐石，流沙带走我们脆弱的部分，留下坚硬的部分，那就是我们自己的形状。

一 小萌说

未经思考的人生不值得过，不断地往里走、向内看，是我们必做的功课。

在家庭或婚姻关系中，平等是基石，不应因其他因素而失衡。如果女性仅仅因为收入少或全职在家而失去应有的尊重，那我们首先要做的，是审视这段关系。

人生没有模板，人生也没有一成不变的答案。不管活到几岁，我们都在不断重新认识自己。

你好，我们

第 3 章

生而无畏，
积蓄力量

重新定义身份：
在必要时转换职业角色

　　如果说，让长板更长、找到自己可平移的能力是打开创业之门的钥匙，那么，弥补短板、解决问题则是创业必须迈过的一道门槛。以前在电视台做节目的时候，有一句自嘲的话："有困难要上，没有困难制造困难也要上。"创业更是如此，简而言之，创业就是解决困难，这个心理准备必须有。以前，困难解决不了可以找领导托底，现在，我自己就是这个托，就是这个底。

　　重返职场的路比我想象的难得多。这个难，不是在执行层面，而是在我的内心。想要成为一个全新的自我，我一方面勇往直前，一方面又患得患失。计划重返职场的这几个月来，我的第一感觉总是害怕、担心、自我怀疑——跟工作断线三年，重新赴任，我还能像之前那么自信从容吗？还能有跟之前一样的机遇吗？

　　或许我再也回不去那个单纯的记者、主持人的身份；再也不可能全摄制组最晚一个来、最早一个走；再也不可能被人照顾也心安理得；再也不可能只专注自己的提问和表现；再也不可能自视清高，回避一切商务需求。当然，这也意味着，我的工作收益不再依靠工资、稿费、出场费，而是公司的利润率。我不仅要做好一位讲述者、一位沟通者、一位采访者，也要扮演一个制片人、一个公关、一个导演、一个编辑、一个商务……一个有着综合身份的全新工作者。以前讲究心无旁骛的专注力，现在要的是多任务处理能力。这些新的工作角色，我并不陌生，只是，过去即使我担任中后台的工作也是在一个更大的中后台的保障下展开的，甚至很多细微的环节是由央视的完整系统自动支撑起来的。

我常想起一幅连环画。第一张图，一个男孩在祈祷：上帝请保护我；第二张图，他的后脖颈被一个石子儿砸中；第三张图，男孩大哭，抱怨上帝为什么没有保护自己；第四张图，画面变成了大全景，原来上帝就在距离男孩几米远的地方，有男孩五倍的身高，一袭白衣，双臂张开，正用自己的身体当掩体，阻挡着密集砸向男孩的一块块大石头，那个击中男孩的小石子儿，只是漏网之鱼。我被这幅图强大的逻辑逗笑了。以前，是庞大的系统帮我挡住了石块，现在，我必须自己扛住这些大石块的迎头痛击。

你可能会说，你这么不自信，还怎么孤身闯荡啊？没错，自信很重要，但我的体验是，跟不自信的人说"你要自信啊"，无异于跟一个肺炎病人说"周围都是空气，你倒是大口大口地吸啊"。知易行难，自我怀疑总是会不时地对我发起攻击。表面上我波澜不惊，但是内心暗流涌动。自信的自己和自卑的自己在互相博弈，无数个"亚自我"在窃窃私语。

我必须给自己做心理建设。以前，在重大节目开始前，我都会自我怀疑，用最糟糕的结果恐吓自己，吓唬完了再对自己说："那么多经验丰富的领导、制片人、编导选择了你，是有理由的。他们可不瞎，更不会拿自己的作品开玩笑，你不相信自己，还不相信他们吗？"这个通过他人的视角给自己打气的办法，屡试不爽。这次也一样，当我吓唬自己"请不到嘉宾怎么办""做砸了怎么办""开天窗怎么办"时，我就用别人的话给自己打气，闺蜜说了"你都不知道你能量有多大"，平台领导说了"放手干吧"，多年前有制片人说了"小萌学习能力特别强，在哪干都是优等生"，跟自己说这些不仅是给自己鼓劲儿，也无意间给我暗淡的心境点燃了一盏暖暖的灯，当我内心感到孤独时，那一缕橙黄色的暖光总能引领着我，向前一步。

从厦门回到北京，新节目的筹备就紧锣密鼓地开始了。以前，我是电视台的雇员，现在，我是电视台的乙方，事无巨细，从零开始。当时的我对做公司是怎么回事完全不懂，合作方把合同发过来，律师修改好各种细节条款之后，我就"啪"地在最后一页把章一盖，立马寄了回去。

未曾想，对方收到合同之后打电话跟我说："小萌，骑缝章呢？"

我说："什么骑缝章？"

对方先是安静，然后就"咯咯咯"地笑了起来。

后来这个故事被我的朋友们津津乐道了好久，他们都感慨，小萌哪像在社会上闯荡过20多年的人啊，完全是个生意上的"小白"，不会谈判，不会提条件，甚至连基本的商业规则都不懂。

朋友们的评价，我无可反驳。大学一毕业就进了电视台做记者和主持人，流水线上的一环，没机会也不需要考虑任何有关投入产出的事项，对所有市场经营活动自然是白纸一张。同时，中央电视台一直保持着事业单位的特点，人际关系相对简单，对像我这样人畜无害的女主持人更是呵护有加，所以在人情世故方面，我也是白纸一张。

现在，我要在这两张白纸上涂鸦了。

正如我的老师、商业思想家吴伯凡先生提出的"优化与残化"的认知方法。他认为人的某项核心能力，是自己在某一技能上不断优化的结果；在某一方面不断优化的同时，我们其他方面的认知或能力也在不断地被残化。实际上，越是在大机构里面工作，这种被动残化越是必然。结构完善的大机构，只需要每个参与者拿出自己能力最强的部分就可以了，所以我们的某一项能力就不断被优化、再优化，其他用不上的能力则不断地被残化。在高度合作化的互联网时代，大部分人的发展必然是优残并存的模式。农业文明时期的十八般武艺样样精通，只能是传说了。别说十八般武艺了，就是让惯于用剑的剑客突然改用刀，那力道、角度都是不一样的，贸然换兵器上阵，几乎没有胜算。极致的案例是，以做仿画享誉世界的大芬村，那里的很多画工画了一辈子画，却不能画出任何一幅完整的作品，哪怕只是仿画。有的人一辈子只画梵高的一只眼睛，有的人画了一辈子鸢尾花，画功厉害得不得了，也残化得不得了。

能够专注于优化又不担心被残化拖后腿，是很奢侈的一件事。记得多年前我在日本参访，和NHK（日本广播协会）电视台有合作。那次我们在NHK咖啡厅和一位制片人聊天，只见他忽地一下

　　　　　　　　　　　　　　　　　　　　　　你好，我们

站了起来，向远处走来的一位颇具艺术家气质的中年男子深深鞠躬，那人一头银发，一身亚麻质地的西装。寒暄一阵，"艺术家"告别。经介绍，原来这位是 NHK 非常资深的纪录片摄影师，受尊重度和薪资都在制片人之上。在鼓励优化的机构，顶级摄影师可以安于自己被残化，一辈子只做摄影师。但在国内一般的电视台，如果你是专业工种，从行政级别上讲，都是要服从制片人管理的。制片人别说给摄影师鞠躬了，为一位摄影师起身我也没见过。所以，为了获得尊重和资源，不管你是摄影师、编导，还是主持人，这些专业人才只有走上制片人的管理岗位这一条路，否则不管专业有多厉害，也只能是为制片人起身。长期被残化的管理能力要恢复谈何容易，常常是专业也丢了，管理也做不好。

一个骑缝章真的是我被动残化了 20 年的墓志铭。如今，我需要全面拥抱一个开放协作的商业世界，那么多市场规则、商业逻辑以及技能需求扑面而来，轮番冲击着这个残化的我，我能不慌吗……东南卫视对我的接纳，意味着认可我的节目策划，认可我作为主持人的能力，也认可我的人品，但他们不了解的是我的管理能力。手里拿着一张沉甸甸的信任票，我脑子里只有四个字：不能辜负。

重归电视，感觉并不陌生。不过这次是作为出品人、总制片，不能只是负责在镜头前"貌美如花"了，还要"赚钱养家"，节目预算、嘉宾资源、团队管理、市场营销一把抓，也就是要对整个节目的命运负责。

虽然我已经做好了各方面的准备，但是前期准备还是比我想象的难太多了。有很多老朋友一开始答应了我的邀约，但当真的面对采访时，他们又退却了。毕竟，对于一个男性来说，梳理自己跟父亲或者跟孩子的关系，并不是我们的社会文化里常见的现象。这是很多人不愿当众讨论的私人领域，很多话他们可能私下都无法和父亲交流，更别说要在镜头前敞开心扉，走进自己的过往，去细数曾经经历的桩桩件件，甚至是伤痛和泪水，挑战太大。

除了邀请嘉宾难，我跟制作团队也在艰难地磨合。外界觉得制片人、主持人，都是一回事，其实资源、能力、工作方法、生活方式等都天差地别。《你好，爸爸》毕竟是市场化的节目，广告客户对嘉宾的名气和流量的重视甚至大于对节目内涵和社会意义的重视。一直身处新闻领域的我，其实并没有丰富的艺人资源积累，所以我必须挖掘一切可能性，找到有名气、为人父、愿意谈的男明星。要知道，自从2000年到新闻中心做主持人，联络、邀请嘉宾的工作基本都是由编导和策划完成的。这也是我的一种残化，专业的人去干专业的事，理所当然。我本就不擅长搭建人脉，突破能力不足，之前想要邀请嘉宾来做节目，我都得专门跑到门外去打电话，唯恐被同事听见——我不好意思当众说那些客套甚至有些讨好的话。后来不再需要自己去邀请嘉宾了，这项能力更是逐步退化。

2008年，还没有深陷争议的J. K. 罗琳受邀在哈佛大学的毕业典礼上发表演讲，她特别和哈佛这些优等生谈到失败带给她的馈赠，她说："失败，去除了我身上那些可有可无的东西，我不再将自己伪装成任何真实自我之外的样子，并且开始将所有的精力投入那件对我来说最重要的工作中。我生命的最低点成为我重新构建生

　　　　　　　　　　　　　　　　　　你好，我们

活的坚实基础。我发现我的意志和决心比想象中强大，从挫折中获得的知识，让我的生存能力比任何时候都强。在逆境来临之前，你永远无法真正了解自己，了解自己与身边人的关系。这种认知是真正的财富。"

这段话令我感同身受。我没时间再去考虑所谓的人设，我要全力以赴，我的意志和决心比想象中强大。

在《你好，爸爸》的筹备过程中，有人推荐了夏雨。知道他行程很满，在西安出席一个活动，于是我专门从北京飞到西安，为的就是当面发出邀请。《你好，爸爸》和一般的访谈节目、综艺节目不一样，它有一定的心理分析的色彩，需要被采访人充分了解节目意图。夏雨的经纪人说，我们对小萌印象不错，最好她能自己跟夏雨说说。没有任何犹豫，我住进了同一家酒店。来到夏雨的房间，先是见到了他的经纪人，一位很优雅的中年女性。随后，夏雨从房间里走出来，穿着白衬衫，表情严肃郑重地坐在沙发上。听完我的想法后，他说："小萌，我觉得你这个想法很好，也很有意义，但是我绝对不适合上这个节目。为什么？我长到现在这么大了，我和我爸在一起的时间，加一起还没有两年，谈父亲的话题对我来说是很难的。"

他的开门见山，直接在合作面前封起了一道厚厚的墙。而且他态度诚恳，说的也是客观事实，这堵墙几乎不可撼动。

但是，在那一刻，我前所未有地坚信，这哪怕是南墙我也得往上撞。我说："那我觉得你恰恰适合谈这个话题，谈谈父亲这个角色在你的生命中起到了什么作用，它的缺失带给你什么样的影响，以及你自己做爸爸之后，对女儿的陪伴是不是也在弥补自己童年的遗憾。"

以前，我大概从没尝试过说服别人，甚至不相信可以改变别人的想法，所以，也没有欲望满满地努力过。夏雨沉默了几秒钟，然后说："我明白了，那我再跟经纪人讨论一下，尽快给您回复。"我道谢，退了出来。

真正独立做制片人的那种复杂滋味，在这一刻袭上心头，没有想到我不是顾影自怜，反而是势在必得。场景转换、身份转换，我感觉自己曾经残化的那部分力量正在体内野蛮生长，那种熟悉又陌生的感觉交错而至。节目已是箭在弦上，我没有犹豫，没有羞怯，只有决心。

那天活动的主办方准备了晚宴，通常情况下，我都是活动结束立刻启程回家的。但是，为了进一步落实夏雨，我坚定地留下来赴宴。所有嘉宾都坐在一张大得令人怀疑的桌子周围，我从没见过那种直径近 10 米，能坐下 30 个人的巨型餐桌。落座后，我发现夏雨坐在离我七八个人远的位置。

在电视台时我就很少参加社交场合，偶尔参加也只负责吃。然而那一天，我的心态不同了，这顿饭我不是被叫来的，我是带着企图来的，手中的酒杯正好是一个媒介。大家纷纷开始敬酒，夏雨就像当年的我一样，只是坐在原位慢慢独自吃着，我起身绕过大半个桌子，走到夏雨面前，尽量自然地举起酒杯，掩饰着我敬酒业务的生疏。我比夏雨大三岁，于是从同龄人的角度跟他说："咱俩算是同龄人，我一直关注你，你的工作态度、生活态度、价值观我都很认同。我希望可以和你在镜头前好好地聊一聊。"现在想想，情急之下，不管说得怎么样，说就比不说强。我唯一自信的是我长期以来的真实，这可能是我唯一的武器。

从那时起，我开始相信"决心"的力量。当你真的下决心想要去、必须去、不得不去做一件事时，所有的行为都变成了一种水到渠成。最关键的还是我前面提到的"第一阶"原理，从你迈出第一步开始，你自己和你身处的外界都会演化出无限可能。

一 小萌说 当你真的下决心想要去、必须去、不得不去做一件事时，所有的行为都变成了一种水到渠成。

敢于愤怒：
让愤怒发挥自己的价值

　　身为女性，做主持人时我得到了多少照顾，做制片人时就受到了多少挑战。

　　对我来说，如果联络嘉宾略显赶鸭子上架，那么领导一个临时组建的以男性为主的团队就是不知深浅。

　　《你好，爸爸》筹备时，导演对我态度很好，可一开拍，他常常和我意见不一致。不管是拍摄计划、场地、光线、机位，任何问题只要我有疑问，永远得不到进一步讨论，只有一句"您放心"，说白了就是"您别管"。在不断掰扯的过程中我才意识到，这似乎不是个业务问题，而是话语权问题。团队上上下下，除了我，都是男性。我不知道在他们眼里，我这个休息了三年的前女主持人，懂不懂节目，懂不懂内容，懂不懂技术，他们大概也不知道我脾气秉性如何，所以干脆让我少掺和。他们甚至忘了，他们的钱，是我发的。

　　《你好，爸爸》第一期就在这种别扭中初步完成了，总导演请我过去审片。在半地下没有窗户的机房，十几台电脑，一屋子名字都叫不全的男人，空气是烟味和体味的混合。我坐在一群人的正中间，显示器上开始播放《你好，爸爸》这个我只能成功不能失败的项目。从第一个画面出现我就知道，之前不祥的预感应验了。我的心一下子沉到谷底，想到加伟兄信任的目光，更是无地自容。但在当时，我还没有掌控一切的能力和勇气。我最擅长的不是坚持，而是放弃，这是我过去处理冲突时最习以为常的方式，甚至连愤怒都那么吝啬。我平静地和在场所有人说："这个项目，我打算还给东南卫视。"

一瞬间，气氛前所未有地严肃起来，每个人都沉默了。令我意想不到的是，团队里的男人们马上找到了打破这种沉默的方式。有的过来安抚我，有的安排修补工作，也有的互相指责、破口大骂。电视这个行业虽属于创意工作范畴，对作品的喜好可以见仁见智，但对制作水平还是有着基本的工业标准。所以，这期节目质量如何，不用我说，大家心知肚明，就看我能不能提出来了。我不敢说这是一个鸿门宴，但至少我是非主观、故意地给了他们一个下马威。

他们没有想到，我决绝到可以直接把项目停掉，可以把到手的节目经费退回去。我以退为进，换来了一通鸡飞狗跳的修改、调整、补救。节目最终在我的层面勉强通过，随后传给了东南卫视。得到的反馈是，节目内容过关，但拍摄场景略显单一、纪实段落不够丰富，下次注意。得到这个答复，团队放心了，我依然羞愧难当。可悲的是，我竟然以破自己的釜、沉自己的舟的决心，才赢得了这个由男人组成的团队的尊重和服从。

女性在职场，尤其是以男性为主的职场，不管是面对上级、同级或下级，在各类相处之道中，我觉得最重要的是要泼辣，不要怕被人说"母老虎"、"泼妇"、有权力欲、有野心。因为男性从来不怕自己被人说公老虎、泼男、有权力欲、有野心。如果我们还想维持温柔听话、易摆布的传统人设，那大概率是会痛苦或吃亏。当然，这样说，并不是让我们扔掉感性、有同理心、善于表达的传统女性优势。我的经验是：敢于抉择，敢于担当，忘记自己的性别，不被定义。

《半边天》时期，我曾经一度是执行制片人，除了主持工作，还有管理工作。没干几天，我就跑到新闻中心去做早新闻了。因为我过去一直认为单纯做内容挺好，我可不想因为做管理而让自己失去了柔和多了戾气。我对女性管理者的刻板印象，限制着我自己；我在温室滋养下的天真，娇惯着我自己；我被动残化后的无知和傲慢，误导着我自己。

从西安回来的两周后，夏雨决定接受采访。

说来也巧，采访夏雨的场地就在我家小区。小区有一个儿童运动机构，我女儿曾在那里练过一阵体能。跟机构负责人闲聊时，听他说过夏雨的女儿也在这里训练。于是我就去找机构负责人，跟他商量能不能借他们的运动场馆来拍摄，宽敞明亮，也符合教育的节目主题。负责人爽快地答应了，也没要场地费。回过头想，日常千丝万缕的联系，都能在关键时刻给你一点儿帮助，只要你做出了你的核心决定。

虽然尝到了甜头，但从记者到制片的角色转换，对我来说仍然是个艰难的蜕变过程。制片人不光要联络嘉宾，更要对整个节目负责。既要与专业团队协同合作，又要有自己的判断，包括对专业细节的判断，也包括态度和决心，这些都决定了最终的结果。

采访夏雨那天，我化好妆提前40分钟到了拍摄现场。结果一进门，我就傻眼了。制作团队把一个原本宽敞、亮堂、色彩斑斓的儿童运动馆，变成了一个黑咕隆咚、呆板生硬的摄影棚——大玻璃窗全部用黑布挡严实；各种箱子堆得老高，挡住墙上的镜子，以免拍摄时镜子里会穿帮；场馆中间，突兀地摆着两把与环境完全不搭的椅子，从镜头里完全看不出是在怎样的环境。东南卫视要的纪实感怎么办？

我大喝一声："你们这是在干吗？"

"布景啊。我们布置了四个多小时了。"

我之所以选择儿童运动场馆，看中的就是它的氛围感，窗明几净，有蓝色和黄色的运动海绵块，跟我们要谈的亲子话题完美契合，且是夏雨熟悉的环境，又和他爱运动的特质相得益彰。难道我千辛万苦要的是一个黑咕隆咚的摄影棚吗？镜子穿帮又能怎样，如果穿帮合理的话并不难看，反倒会制造出一种空间变形的灵动感，这不是挺好的吗？

导演跟我解释，团队是出于对节目的重视，才花大力气租来这么多超亮的灯箱、几斤重的黑布，装了几辆货拉拉，费了老大劲运过来，然后吭哧吭哧布景布了四个多小时。而且时间也不多了，还有20分钟夏雨就来了，我们可不能让嘉宾等。

一时间，坚持还是妥协，在我内心激烈地斗争着。

前面说过，我从来都是一个逃避冲突的人。遇到分歧和矛盾，我会本能地往后撤，更别说正面冲突，还没吵起来，我就已经开始心慌冒汗，觉得只要能避免冲突，怎么都行。然而这一次，眼前的布景实在没法说服我，这样拍出来，最乐观的结果是一期平平无奇、毫无特色的访谈，悲观的话，可能直接被东南卫视打回来重拍，夏雨不可能给我第二次机会。

直觉告诉我，此刻如果我往后缩，就意味着失控和失败。

这一次，我必须选择坚持，而且要让他们感受到我的愤怒和不容置疑。

我大声说，马上拆，把场地恢复原状，黑布、大灯、椅子这些统统不要，全部撤出去，只留几个运动的海绵包。场馆里原来架子上彩色的器材保持原样，镜子也不要挡住，都露出来。灯光师说，这些都拆完就来不及布灯了，我说，自然光为主，再补几个面光就行。

导演说，你现场改的方案，我不能保证拍出来的效果。我说，一切后果我来承担。

灯光师看着总导演，总导演说，还愣着干吗，动手啊。我顾不上自己的妆容，也开始一起动手。等夏雨到了，现场已经基本就位。我赶紧冲到门口接夏雨进来，这边拍摄的同事开机。那天我穿的运动服，夏雨穿的是牛仔裤、运动鞋，我们俩一个坐在黄色的垫子上，一个坐在蓝橙拼接的垫子上，地上还有一个红色的圆形垫，整个环境童趣、有活力，画面效果清新温暖。夏雨那天也很放松，敞开心扉地讲了很多他跟父亲、跟女儿相处的故事和心得，很真诚。东南卫视的反馈也很好，认为我有意识弥补了第一期节目的不足。

事后，我复盘过这次现场的冲突和愤怒。我意识到有分歧不一定都是坏事，表达愤怒在一定程度上是必要的。我的疏忽是没有明确告诉导演选择这个场地的原因，造成了误会，浪费了时间。我的疏忽我承认，但我依然认为这次冲突是必要的，我让大家看到了我的决心。

我们从小受的教育就是，愤怒从来不是什么美德，一定要学会控制好情绪，尤其是女孩子，更要温柔体贴、善解人意。结果导致我们在内心不赞成、不舒服、感到边界被挑战时，碍于面子，碍于传统的观念，碍于太多不可言说的风险而闭口不言，很多真正有价值的情绪不能被有效表达。

就如同《好不愤怒》这本书中说的："很多年来，我都在试图美化自己内心深处凝结的愤怒，让它变得可以为所有人接受。然而在允许自己发泄这些愤怒的时刻，我瞥见了愤怒的力量。我们谨慎克制自己的愤怒，但愤怒其实可以成为一个强大的工具。愤怒是一种交流工具……是一种充满活力的表达方式。"

不能更对了！我就是那个"美化内心愤怒"的典型。早年录电视节目的时候，因为各个工种的配合十分拖沓，原计划 6 个小时的节目，经常 12 个小时还没录完，即便如此，在场的人仍然在拖延、磨蹭，耳机里充斥着工作人员不经意的吐槽和抱怨。我只能尽最大努力地自我调节，让微笑始终挂在脸上，以此遏制着谁也看不出来的怒气。我跟自己说："你看，你是目标非常明确的人，懂得轻重缓急。为了顺利完成工作，你可以忍耐。"

初出茅庐，忍字当头也属正常。即便到了 2008 年，我从业 12 年了，也还是会为自己偶尔的情绪失控内疚好几天，心里的"法官"会一直质问自己：你怎么能不控制情绪，怎么能当着别人的面发作？

2008 年汶川地震后，我到北川的头两天，一直没找到真正有分量的采访素材，没有内容发回台里。后期的编辑都急了，她建议我去跟拍已有的报道，深入挖掘，在电话里跟我大声说："你不要浪费时间，'可乐男孩''敬礼娃娃'，你去做个回访也可以啊！"

"我人都已经在现场了，当然要做第一手的报道。吃别人嚼过的馒头，炒别人炒过的冷饭，你觉得我能这样交差吗？"她说："你随便！"然后啪地挂了我的电话，气得我哇哇大叫。

在我的印象里，那是我异常鲜见的一次发飙。我知道她是为我好，但那样的建议完全不符合我的工作理念。如果不能挖掘更多真正有新闻价值的一手信息，那我来一线的意义是什么？当时我在车上，完全没有顾及同车的同事和志愿者司机，结结实实地爆炸了一通，同行的人当场石化。更夸张的是第二天志愿者司机直接罢工了。我问为什么，同事说："因为你当众发脾气，人家觉得你可能很有攻击性，很难相处，都不敢来了。"这件事已经过去十几年，但在我的脑海里挥之不去，每当想起，都会觉得无地自容，为了自己一次再真实不过的情感流露。

其实，真正挥之不去的是我把"愤怒"定性为"负面情绪"的观念。这个世界，很多时候就是这样对待女性的，一旦我们表达了愤怒，就会被贴上诸如"咆哮""骂街""泼妇"等不堪入目的负面标签，从而让本来就委屈万千的自己承受不该承受的压力，这也是我们不愿以及不敢去表达愤怒的重要原因。

事实上，女性总是在"温顺"与"有攻击性"两极之间徘徊，但是不管哪一极，对我们来讲都是"毒药"——太有攻击性，会显得可怕，会遭到诽谤排斥，获得恶劣丑陋的公众形象；太温顺可爱，又会被认为是讨好型人格、受气包，两头不是人。所以我们只能费尽心思在两极之间寻找一点儿微妙而又难以稳定的平衡，我想这也是女性在成为自己的路上，很难逾越的一道鸿沟。

为此，很多人慢慢习惯于采用"无为"的方式，否定自己的合理诉求，来弱化自己的合理情绪，抹杀攻击性，阉割杀伤力。甚至很多时候，我们干脆放弃了自我的界限，因为，没有界限，也就感觉不到愤怒。

罗翔先生说："愤怒是有价值的，如果人彻底地失去怒气，那社会可能就是死水一潭。"

客观地讲，我的好脾气掩饰下的那个"自我"，的确让我获得了更多人的认可和喜爱。但失去愤怒本能也在无形中扼杀了我或许本该有的创造性。有时候我甚至功利地想，如果每次都能把自己真实的情绪释放出来，哪怕不要 100% 释放，只表露 60%，今天的李小萌会是一个什么样的人？也许不再柔和，但也不再压抑。

我在这里所说的愤怒，不是因为被不公正对待而内心反复啃噬，不是因为得不到爱而歇斯底里，不是为了掩盖自己的错误而虚张声势。这几类愤怒，不能带来积极的力量，反而会削弱我们。

心理学对正直而有益的愤怒的解释是，这种愤怒是强大、警觉、直达中心而自信的，将我们直接导向正确的目标。它开明而勇敢，能够面对冷酷而强大的"敌人"，但又不带任何个人情绪。置身于这种愤怒的人，即使面临可能的对别人的伤害也不会畏缩退却，实际上他们并不是对那个被他伤害的人感到愤怒，这种行为是一种纯粹的力量。这是一个长期修炼和实践的结果，但对于那些有此能力的人来说，却是轻而易举的。

表达愤怒也可以是一种有效的沟通方式——愤怒不是撒泼打滚、谩骂攻击，不是欺善怕恶、恃强凌弱，而是合理表达自己的诉求和感受，从而寻求问题的解决方案。愤怒并非一定要激化矛盾，而是可以强化需要坚持的意见。合理的、有积极能量的愤怒，本身是有创造性的。如果我们能够很好地接纳它、引领它，它不仅能成为一种带有"攻击性"的自我保护，而且还能提供创造性的解决思路。这也是我从主持人转型为制片人后学到的重要一课。

一小萌说

敢于抉择，敢于担当，忘记自己的性别，不被定义。

合理的、有积极能量的愤怒，本身是有创造性的。

你好，我们

做出核心决定：
相信"决定"二字的魔力

2023 年初，演员凯特·温斯莱特为推广《阿凡达 2》接受了一个采访，记者说这是自己人生的第一次采访，声音里透着紧张。凯特一听反而来了精神，她说："我告诉你，这将会是有史以来最棒的一次采访。你知道为什么吗？因为我们，你和我，已经决定好了这将会是很棒的采访。"这段视频在世界各地转发，人们赞美凯特的温暖和提携后辈的善举。但这段话打动我的点是，我非常认同她说的"你和我已经决定好了这将会是很棒的采访"，如果不是亲身经历了这一切，我不会相信"决定"二字的魔力。

《软瘾》一书中提到了"核心决定"的概念——选择过一种内涵更充实的生活。这件事做起来比听上去重要得多，也困难得多。做好核心决定后，你的生活就会被一种有影响力的价值观统一起来。你会找到方向，能够为自己设想出一种理想的生活。核心决定给了你力量，让你更容易摆脱那些曾经阻碍你实现梦想的习惯。你会重新获得感受的力量，而不再感到麻木。你欢笑，哭泣，充满能量和激情，承认你的恐惧，得到你需要的安慰和鼓励。你向前迈进，不被经历过的任何事拖累。你所走的每一步都会为你的生活创造更充实的内涵。

当我做了核心决定后，我就真的做到了。我的核心决定是，要靠自己的力量成为一个独立、坚强的人，对他人的承诺一诺千金。我决定了，要把《你好，爸爸》这档节目做成我想要的样子。于是我更加相信自己的经验，相信自己的专业度，相信自己是整个团队中最能对结果负责的那个人。我更加清楚地意识到，我的判断视角和逻辑具有优势，我可以据理力争，哪怕是表现出一定的攻击性，也要照着自己坚信的方向去做。

这就是我的决定。它不仅给我勇气，还带给我更多的收益。

我记得有一期节目是采访快乐男声冠军魏巡，他正好要在长沙梅溪湖国际文化艺术中心大剧院开演唱会，于是我们费了九牛二虎之力，把魏巡的父亲从湖北老家请到了长沙，去看一场他从没看过的儿子的演出。

从小到大，魏巡爸爸一直坚决反对儿子学音乐，砸烂儿子的吉他，不允许他报考音乐专业，希望他能成为公务员。这种不惜牺牲父子关系的执念，是由于魏巡爸爸家几代人都是旧时代的街头艺人，社会地位低，尝遍世间辛酸冷暖，因此他坚决不让儿子从事演艺事业，怕儿子生活动荡、被人看不起。魏巡说，成长过程中，他始终带着对父亲的不理解和深深怨念。但梦想的力量让魏巡冲破父亲的强大阻力，走上了音乐之路，成了众人瞩目的艺术工作者。我们之所以想带魏巡爸爸到现场，是想让他身临其境地体会儿子在舞台上的光芒，和他聊聊是否会后悔曾经的选择。因此，这个采访地，已经不是一个简单的场地，而是节目重要的内容了。

然而，就在采访的前一晚，导演突然让我去酒店咖啡厅录制和魏巡父亲的采访。我没有同意，面沉似水："一个这么关键的采访，地点就如此随意吗？要是在酒店采访，咱们专门来长沙干吗，在北京不一样吗？"

导演解释说："大剧院可能不让进，就算进去了，光线、收音各方面都无法保证。"

我说："环境对采访对象会有怎样的心理触动，你应该比我更懂。我们明天必须去演唱会现场。首先，我认为我们有办法解决进出问题。其次，如果场馆真的不让进，那就以演出场馆为背景，我就算坐在馆前的台阶上，也可以跟魏巡爸爸聊得很好。现场就是现场。至于你说的光线、声音问题，那么大的场馆，我不信找不到一个可以采访的角落。总之一条，咱们都费了这么大劲儿到了现场，绝对不可以在咖啡馆草草了事。"

导演听完腾地站了起来，提高了嗓门，指着我鼻子说："小萌你要坚持，这期能不能做成你负全责！"

我依旧稳稳地坐在沙发上，看着他的眼睛："我们是在谈工作，不是吵架。我和你是合作关系，而且就像你说的，我就是负全责。这事定了，你安排吧。"说完我就走了。

你问我为什么相信自己的预判？因为随机应变的现场报道和深入内心的人物采访，我做了20年；因为明知不可为而为之的现场突破，我经历了20年；因为我有我的"核心决定"。

长沙梅溪湖国际文化艺术中心大剧院由荣获世界建筑界最高奖——普利兹克奖的设计师设计，采用花瓣落入梅溪湖激起不同形态涟漪的概念，与素有"芙蓉国"之称的湖南相得益彰。第二天，刚一踏进剧院广场，我就看到占地2600平方米的庞大的剧院建筑群，乳白色外立幕墙异常醒目，建筑形体蜿蜒曲折给人以流动之感。光是这个外观就足够震撼了，我让摄影师、音频师全部开机，以大剧院为背景，全程记录下我和魏巡爸爸初见、闲谈以及与剧院人员沟通放行的经过，不仅成功突破，还为节目充实了纪实的段落。进到剧院里面，我请工作人员帮忙找一个化妆间用来采访，我提前查过了，这个大剧院有大小化妆间19个，怎么也不能全都在使用中。果然，我们被工作人员带进了一个可以同时容纳20人化妆的大化妆间，一面面宽大的化妆镜晶莹剔透，一排排球形化妆灯给足了氛围感。我迅速设置了四个机位，从取景器一看，成了。

　　此时导演按部就班地执行着工作，我们谁也没提昨天的争论。

　　后来经过允许，我们还来到魏巡的彩排现场，坐在观众席里继续拍摄，我跟魏巡父亲说："您看，这么大的演出场馆，您儿子就在这儿彩排，明天将为近千名观众演唱，这就是他的事业啊。"他看着舞台上的儿子说："是啊，我让儿子的音乐梦想晚实现了10年。千万不要为孩子设计人生，我要是不为他设计，他会比现在走得更顺。"观众席的暗影里，我看到老魏眼里有晶莹的东西在闪烁。

　　我的预判全部应验了，老魏身处现场，反应非常强烈，也非常真实，没有比"现场"更珍贵的了。

　　这一期节目让我认识到"你要成为孩子人生的副驾驶"这句话

　　　　　　　　　　　　　　　　　　　　　　　　　你好，我们

的深刻内涵，它后来在不同场景被我反复提及，从而也被更多的父母了解，影响着千千万万的家庭。如果不是老魏因为那个特殊的场景而深深触动，我也许就会和这个有着救赎意味的觉醒擦肩而过。

2018年《你好，爸爸》完结后，相关网络话题量达到12亿，口碑和播放率双丰收。东南卫视主动提议把这个系列接着做下去。于是，第二年，我们又瞄准了妈妈群体，推出了《你好，妈妈》。然而，2020年初，正在筹备中的《你好，妈妈》第二季赶上了新冠肺炎疫情的大暴发。

前所未有地，社会停摆了，大人不能工作，孩子无法上学，每天关注的都是疫情、疫情、疫情。我一边照顾着家人的安全和防疫，一边为项目停滞寝食难安。封控、停飞，不能出差、不能聚集，影响的是拍摄环节；停工、停产，没有产出、没有消费，影响的是招商环节。对于电视行业来说，无一不是致命的。那时候，我几乎长在微博上，我觉得我的创伤后应激障碍又开始萌发了。这还要从2008年说起。

那年汶川大地震是5月12日，我大概是5月14日到了四川，后来去了据称是灾情最重的北川。如果说看到被滚落的岩石压成薄片的桑塔纳汽车、扭曲的遗体，感受是惊骇的话，那么当我走过阳光下寂静无声的废墟，家家户户在一瞬间被定格的凌乱，则带给我强烈的悲痛。

我永远记得，有一处居民楼，五层中的一、二层已经沉入地面，地面上只剩三层，屋顶倾斜。往最高一层的阳台上看，那里晾晒着一条红色的裙子，随风飘动，往窗户里看，粉色的欧式窗帘还是新的，窗帘杆斜挂着。房子的主人在仓皇中撤离，大概并不知道，这里是他们永远也回不来的故园了。那一刻，最强烈的感受是，灾难，可以降临到任何一个人头上，我们活着的人，仅仅是灾难幸存者。我也因此知道了创伤后应激障碍的症状是什么滋味。

12年后，武汉疫情暴发。几个月来，我几乎长在了手机上。为了捐钱，我进了一个捐赠群，才知道当时物资之匮乏、捐赠之难；为了帮助在武汉的朋友能够被收治，我进了一个疫情汇总群，活生生的病人就在眼前，朋友也在得到救治前不幸离世，让人深感无力。

其他不用赘述，大家的感受应该都是一样的。

之所以会这样，因为我知道，和地震一样，我再一次是幸存者，作为幸存者，不可为自己的幸存欢呼，也没有理由置身事外。有一天家里饭菜上桌，四个菜，做得尽量丰盛了。我在餐桌前坐下，没有一点儿食欲，无意识地说："我们有必要做这么多、这么复杂吗？都什么时候了？"我妈看着我，柔声问："你是觉得，武汉都那样了，咱们怎么能心安理得地吃饭？"

我妈不可能听说过"幸存者内疚"，但她出自天然共情能力的关怀，唤醒了我。

当人们遭遇一些创伤事件，一些人幸存下来了，另一些人却没能活下来，于是，幸存下来的人可能会认为自己做错了什么，而对没能存活下来的人感到内疚，产生幸存者内疚（survivor guilt）或幸存者综合征（survivor syndrome）。

幸存者内疚是创伤后应激障碍的一个重要症状。幸存者因为其他人的死亡——包括那些在拯救幸存者中去世的人，或幸存者尽力去拯救却没有成功救出的人——而责备自己。幸存者综合征的表现，包括焦虑、抑郁、社会性退缩、睡眠障碍和梦魇、躯体不适、情绪缺陷，并伴随内驱力的丧失。

幸亏有细心的母亲观察照顾，活力满满的女儿在家的各个角落留下笑声，我逐渐意识到自己的幸存者内疚倾向，并调整自己。

相信很多朋友跟我有相似的感受，让我们告诉自己，为了能活着而感到庆幸并没有错。

疗愈不代表忘记，我们可以在心中为死难者留一块祭奠之地。那几个月，我身体里酝酿着焦虑，也酝酿着一股力量。我在想，只要我还在做内容，就绕不开疫情，这是中国人在 2020 年的集体记忆（当时无法想象，这个集体记忆会持续三年之久）。在这一年，一个内容创作者的作品如果不涉及疫情，从心底里无法说服自己。《你好，妈妈》是一档女性节目，探讨女性自身的成长和社会价值，而身处抗疫一线的医护人员 70% 以上都是女性啊！如同困兽一般的我似乎找到了方向，于是我跟中宣部、全国妇联、东南卫视积极联络，和各方讨论前往一线采访女性医护人员的可能性。

这个提议得到了各方的支持，我给东南卫视当时的总监发了一条微信："我想在《你好，妈妈》中加入'抗疫特辑'，采访疫情前线的医护人员，您觉得怎么样？"陈总一点儿不客气，他说："要做就做顶级的，我要李兰娟、张继先！"

看见这条回复，我还没来得及为节目有转机而高兴，就已经开始暗暗叫苦。李兰娟，中国工程院院士，传染病学专家，2020 年 1 月 18 日，受国务院、国家卫健委委托首次赴武汉研判疫情；张继先，湖北省中西医结合医院呼吸内科主任，2019 年 12 月 27 日，张继先最早发现新型冠状病毒疫情苗头，并和院方一起坚持上报，为湖北体制内"疫情上报第一人"。

总监先生开价可真不低，我一个民营小公司，怎么拿到这样的顶级资源啊？

创业初期，我两眼一抹黑，觉得自己没资源没人脉什么也做不了。经过两年的摸爬滚打，我唤醒了沉睡的朋友圈，也练就了敢于寻求帮助的心态。我以前不求人是怕被拒绝，后来我发现，只要不怕被拒绝，愿意伸出援手的朋友很多。而且，求人是建立关系的非常有效的办法，甚至比被人求还有用。所以，面对总监先生提出的高要求，我心里没数，但一口答应。

我绞尽脑汁寻找我和李兰娟院士有可能存在的交集。我先找到了一家报道过她的媒体同行，同行给了我中国工程院外联人员的电话，中国工程院又给了我李院士和先生创办的树兰医疗公关部电话。电话打过去，对方就说您等一下，内部沟通后给答复。我隔天一问，坚持了一个多星期，得到的答复是："我们不适合谈《你好，妈妈》的话题。而且我们是浙江的，你们是东南卫视，又是跨省的，抱歉。"

花了宝贵的 20 多天时间，我走进了死胡同。沮丧、焦虑写在脸上，女儿发现了，从那时开始，8 岁的她，每天给我泡一杯热茶，小心翼翼地送到我的房间，一个月时间没有一天忘记。喝着女儿的暖心茶，我问自己，我真的尽力了吗？我的决心被困难打败了吗？斗志慢慢重燃，我又回头去找第一个联络人，我说事情卡住了，李院士现在人在浙江，你在浙江有什么资源吗？如有神助，他竟然认识浙江省委宣传部的人。来自浙江省委宣传部的反馈更具体了：李院士拒绝我的采访，时间、跨地域都不是主要问题，李院士不想谈关于妈妈的话题，如果仅限疫情，可谈。

得到这个信息后，我觉得我可以给总监先生回复了。我在微信上说："领导，李兰娟我联系下来了，她愿意接受东南卫视的采访，但不接受《你好，妈妈》。我想我就无偿把这个资源提供给东南卫视，您派新闻部门去浙江采访李院士吧。"不一会儿，陈总监电话打了过来："你傻啊，不是《你好，妈妈》你也可以做，我就派你去，你给我报一个单期预算，就叫《抗疫特别节目——李小萌专访李兰娟》，要快！"

虽说不是《你好，妈妈》，但项目还是启动了，团队有活儿了，东南卫视看到我的努力了。这也太戏剧性了吧，这也太想向我证明"成功就是多坚持一分钟"了吧。

那是 2020 年 5 月初，疫情还在焦灼，北京能做核酸的地方只有几家指定医院。形势严峻，如果出差，感染、重症的风险相当高。《你好，妈妈》第二季的团队更加年轻，80 后、90 后居多，依然是男生为主。我和团队说："有活儿干了，但要出差，回北京要隔离，采访的现场是一家医院，全体要做几次核酸检测，可能有感染的风险，你们能去吗？"这个年轻的团队，非常让我感动，他们说："要做就去现场做，小萌姐，您放心，我们每个人都可以签一份声明，出差期间感染，后果自负。"后来我知道，他们很多人都没敢告诉家里人。就这样，我带着这样一个"不知死"的团队马不停蹄地奔赴杭州。从开始联络到我最终坐在李兰娟院士对面，整整一个月。至于张继先的故事，我会在后面的篇章介绍。

妈妈、女性、事业、情感、疫情这几条线索，互相交织，鼓舞着我在接下来的节目里，更加关注女性成长和女性的力量。2020年10月1日，国家领导人在联合国大会上发表讲话："正是成千上万这样的中国女性，白衣执甲，逆行而上，以勇气和辛劳诠释了医者仁心，用担当和奉献换来了山河无恙。"这段话向全世界宣示了中国女性的伟大，以及中国社会对女性所做出贡献的全面肯定。

我只能说，由衷地感谢东南卫视、团队、节目赞助商和所有出了一臂之力的人，是我们共同的判断、共同的选择、共同的努力，让《你好，妈妈》也成为肯定中国女性的声浪中的一部分。

一晃三年，我的核心决定在时间的磨砺中，更加坚韧闪亮，它形成了一种无限强的力场，让太多不可能成为可能。有时我会想，如果我的核心决定来得更早，不知道今天我会站在哪里。不知道多少次，我不经意的放手让我错失了和命运的奇遇。然而人生只能落子无悔，那些我放下的，也是对自我最好的原谅和救赎。应该庆幸我做到了，在不断地研磨中，在无数次的变化中，在无数个听从或背弃内心声音的选择之间，我终成为我自己。

一 小萌说

你欢笑，哭泣，充满能量和激情，承认你的恐惧，得到你需要的安慰和鼓励。你向前迈进，不被经历过的任何事拖累。你所走的每一步都会为你的生活创造更充实的内涵。

人生只能落子无悔，那些我放下的，也是对自我最好的原谅和救赎。

理解创业：
不要什么都想自已干好

　　我常说，自从成为母亲，我自身的成长比我女儿这个从无到有的小生命的成长还要显著。有很多本来为了女儿才去读的书，反而让我自己受益无穷，比如《让天赋自由》。

　　这本书的作者肯·罗宾逊被誉为全球最具影响力的教育家，曾入选"全球最具影响力 50 大商业思想家"排行榜，是排名第一的 TED 演讲人。《让天赋自由》这本书提出了如何让孩子天赋自由的五步法：

　　1. 发现天赋

　　2. 由衷的热爱

　　3. 找到领路人

　　4. 融入圈子

　　5. 持久的坚持

　　在湛庐阅读的 App 上有我领读的有声书，所以我对这本书的内容非常熟悉。读过之后，我多了一份观察、助力女儿天赋的耐心，也意外地为自己确定了发展方向。它的五步法让我思考什么是我自己的天赋。所谓天赋，就是一件事你做起来比别人相对轻松，也能做得更好。不瞒你说，我一直不知道我有什么天赋，直到了解了天赋的概念，我才意识到自己有着表达和传播的天赋，我作为主持人所获的成绩远大于我的努力，同时，当我通过传递信息和价值观影响他人和外部世界的时候，我感到快乐和不知疲倦，这就是由衷的热爱。因为这两个判断，我塌下心来，对一直做一个内容创作者认命，不再不切实际地幻想其他领域。

至于领路人，我想讲的倒不是我创业上的领路人。自从我开始创业，我始终觉得我属于非典型性创业，总是不认同自己。我意识到，我需要了解商业规律、市场规则、创业本质，才能对自己有一个正确判断，于是我开始寻找一个领路人。

创业第二年，《你好，妈妈》第一季结束，我认识了我的创业导师，初次见面就长谈4个小时，我把自己的经历、现状、困惑和盘托出。我的导师说："我相信一个人在自己的领域可以做到前20%的话，那么他再创业，只要方向对、方法对，还是可以成功。能看得出，你做人有自己的立场，也吃得了苦、弯得下腰，现在只是短暂的迷茫期，我认为你可以成功。咱们一起努力，让你再次绽放吧。"我是一个不容易被点燃的人，听了这番话，我心想，这位先生，你可高估我了。

《你好，爸爸》《你好，妈妈》是我创业初期两个主打项目，出于成本、风险等方面的考虑，我选择了和外部团队合作的模式，所以我问导师的第一个问题就是："我这算得上是创业吗？"

他说："这怎么不叫创业？现在的创业就应该这么做。"

听到这个答案，我以为导师在安慰我，但是随着创业的深入，我才越来越能体会到这一点的重要性，有了这个认知，更多的人可以开启不一样的人生。

他说，千万不要以为创业就是拿上一笔自己的积蓄或是融资来的钱，租上一个办公室，招聘十几个人，从人力到销售部门齐备，然后等业务上门。八字没一撇，可每月的支出已是固定成本了。你在创业初期没有走这个固有模式，没有为了虚荣心花冤枉钱，能做出这么理性的选择，说明你是有商业头脑的。他说，实际上，创业并不神圣，也不要刻意，对于创业应该更广阔地理解它。"创"是创造、创新，"业"是业务模式、企业或商业价值。创业，可以是创立一个标准版的企业，也可以是一个价值创造的过程。这个价值包括客户 / 消费者价值、商业价值和社会价值。在实现这些外部价值的过程中实现个人价值，这就是创业。

按照这样对"创业"的解释，无论是开创一个节目，还是写一本书，无论是做一个微信公众号，还是建立一个读书会员体系，无论是通过社交媒体做直播带货，还是从家庭厨房送出一个个手工蛋糕，都是在创业。只要能够为用户或者商业伙伴提供产品或服务，为他们创造价值，就是在创业。不是只有把公司做到上市才叫创业，不是只有进入 500 强才叫创业成功，更不是融到多少轮的资才值得炫耀。只要通过努力，在可承受的时间范围内实现正向现金流，就是创业成功。自从我打算创业，就有投资人、投资基金表示愿意投资我，上来就估值3000万元，他们出300万元，占股10%。但我直到目前为止，没有拿过一分钱投资。因为首先，他们投的是我这个人，也就意味着我未来赚的每一分钱，都有他们的10%，这对我并不公平；其次，我只能接受用一个产品、商业模式或项目去融资，但如果我没有超越内容和创意工作者的身份，很难有技术和商业模式的硬核创新，就不能给股东带来超预期的商业回报。没有被投资，没有新商业模式，没有像样的完整的团队，我一直觉得自己不过就是维持生存而已，根本不敢以创业者自居。但我努力实现着正向现金流，在疫情期间也没有裁退任何一名员工，没有少发一分钱工资。按照创业导师对创业的解释，我应该告诉自己，我不仅在创业，而且创业还算成功，至少到目前为止是这样。

随着创业版图的铺开，我越来越明白，包括内容创意产业在内，各行各业的创业都可以用一种全新的协作方式实现。基于移动互联网的协同共生的协作方式，正在重新定义一个全新的商业世界。你可以凭借自己的专业创业，可以凭借自己的兴趣创业，也可以为了解决一个问题去创业；你可以与人资金合伙、技术合伙、创意合伙，让自己不再单打独斗；你也可以与人共享办公空间、共享员工、共享服务，让自己节省成本。

当然，这种更加轻松灵活的创业模式也提出了更新的要求，首要的是，授权和验收边界必须清晰，否则就会遇到我初期遭遇的那些冲突和愤怒。

在工业时代，企业有严格的边界，管理者谈的都是法约尔的"管理五要素"——计划、组织、指挥、协调、控制。随着时代的发展，现在你完全可以通过社会性合作跟他人结盟，构建一个共生的无边界企业，去做那些能够帮你实现客户价值、商业价值和社会价值的事。我们很多企业的内部业务和管理流程都大规模外部化了。换句话说，你要同时管理一个外部的摄制团队，一个后期团队，一个供应链团队，一个设计团队，一个广告团队……所以，在创业企业里，管理的五要素之外需要增加授权和验收的环节，这也是开放性协作系统搭建的关键。还记得前面提到的《你好，爸爸》拍摄中发生的几次冲突吗？如果我在合作初期明确地告诉团队，什么层面的决定必须经过我的同意、甲方对节目的要求是什么、合作必须遵守的原则有哪些，那么我们的合作也许会更加简单直接。

刚开始独立做节目的时候，我恨不得自己能立刻成为一个全能型选手——资源信手拈来，内容新鲜有趣，大事小情运筹帷幄，在各种类型风格的工种之间切换自如。但慢慢地我意识到，全能型选手是不存在的，甚至有这种想法就是一种虚妄和低效的幻想。什么都想会、什么都想干好的结果就是不仅干不好，还很容易搞砸。只有广泛地跟专业供应商协作，才能利用各方的优势，把事情做到极致。尤其是文化创意行业，你会在这里发现形形色色的牛人。你要做的不是变成万能机器；你要做的是打开界面，提高自己的兼容性，提供更多的开放性接口，从而找到更厉害、更匹配的外挂。

如果说在央视时我是被动残化，后来创业初期是试图弥补残化，那么，如今的我已经学会了选择主动残化，通过与各合作方的充分协作，结成协作网络，以实现成果和效率的最大化。正如曾鸣教授所说，如果说在农业时代简单交换的逻辑下，个体都是独立、零散的"点"，工业时代产生的流水线、供应链、科层制是典型的"线"，那么，到了互联网时代，新经济范式最根本的特质就是"网"，各个要素之间可以自由联通、网状协同。上过商学院的朋友都知道，你踩过的坑越多，学习商业课程的收获越大。如果我没有亲历全部的创业过程，我对各位商业导师所说的话就很难有体会。

以我与东南卫视合作的节目为例，东南卫视、我、制作公司，共同构成了一个网络。它不同于以往的节目，有固定的棚、固定的团队，也不是制作方把内容做好后一次性卖给平台，而是围绕着具体的节目产品进行联合共创。这里没有固定的组织，没有传统的雇主和雇员，也没有谁指挥谁、谁控制谁。本质上，我们更像是一个创意工坊。这个创意工坊驱动着一系列的协作单元，包括导演、摄像、后期、艺人统筹等，每个人都在为这个项目服务，每个人都是事业合伙人。以前总认为只有用自己人，产品的交付才有把握，现在，随着合作共创的模式被越来越多的创业者采用，市场上供应商们的交付也越来越及时和专业，本来并不熟悉的团队，在严谨科学的合作框架和专业精神的激励下，可以快速并肩战斗，共同进退。

至于授权和验收环节，我通过清晰的边界把相关业务授权给制作公司、宣发公司、艺人经纪公司，然后通过严格的标准来验收它们交付的成果。东南卫视将节目授权给我，也对我的节目成品进行验收，上下游验收标准穿透。这样既保留了充分的创作空间，最大程度激发每个人的创造力，又能确保产品标准在各个环节的一致性。

这种动态网络协作的最大优点就是灵活性。我可以根据实际情

你好，我们

况和环境变化，实时调整跟谁连接、怎么连接。比如，《你好，妈妈》第一季的时候，我需要用高水准的节目来提升品牌，打开局面，于是请了业务能力强的制作团队，他们在节目思路、制片运营、后期制作上都相当专业，我们共同呈现了高水准的内容产品。但是，他们在艺人资源方面没有优势，嘉宾基本都是靠我自己一个人"刷脸"刷来的。到了第二季，艺人资源方面再靠我一个人的力量很吃力了，于是我需要更换一个有艺人资源的制作团队，这样能借助他们的长板，进一步放大我在内容上的优势。这就叫开放性协作的增量，实际上一个商业模式的背后，最本质的东西就是通过稀缺性创造价值增量。

同样，疫情期间，我和东南卫视根据市场情况，迅速调整思路，推出抗疫特辑、专访等一系列节目，这正是灵活作战的结果。过去那种事事都要请示的金字塔结构的垂直组织，在多变的、不确定的、模糊的、复杂的算法和智能时代，远不及这种灵动的、开放协作的、海星式的扁平组织。关于这一点，任正非先生说得很朴素：让听得见炮声的士兵做决策。

这种协作也不是对外大门洞开，我们需要明确什么是可以与外部合作的，什么是必须握在自己手里的，如果将最有竞争力的部分假手于人，那无疑是把后背朝向了敌人。

如今我已经形成了自己的商业逻辑，希望读到这里的你，能够从我的弯路里找到避开弯路的智慧。也许我的阐述尚显生涩，但全部是我的亲身经历和体会，真心想和对创业跃跃欲试又犹豫徘徊的你分享。很多带货直播间有一句口号叫"犹豫徘徊，等于白来"，创业也是，没有万事俱备，没有万无一失，出发比什么都重要。当你真的理解了它的精髓，你就能真正搭建起属于自己的开放性协作系统；当你身处这种协同共生的网络，你也会成为听得见炮声的士兵。

你要做的不是变成万能机器；你要做的是打开界面，提高自己的兼容性，提供更多的开放性接口，从而找到更厉害、更匹配的外挂。

我们需要明确什么是可以与外部合作的，什么是必须握在自己手里的，如果将最有竞争力的部分假手于人，那无疑是把后背朝向了敌人。

第 4 章

让独立
成为事实

何为真正的独立：
精神独立是最终目标

　　2023 年，我 50 岁了，照理说，知天命的年纪，感悟应该特别多。但事实上，我身上发生明显变化是在我 47 岁的时候。47 岁生日那天，我发了一条短视频，是我的生日感言，我是这么说的：

　　在我 47 岁生日的前几天，我做了一个小手术，从后背拿出来乒乓球大小的一个囊肿，自己开车去开车回的。就在囊肿被切除的那一刻，我突然有一种感觉，我就跟医生说："医生，我现在觉得好轻松，之前我是负重前进，从现在开始我就轻装上阵了。"我很善于在紧张的时候调节气氛，当然这也不是一句玩笑，这是我在那个当下的感受，而能够获得这样积极正向的感受，对我来讲并不容易。要说 47 年我最大的成长是什么，我觉得是陪伴自己慢慢往前走。

　　我自小家教很严，再加上天性使然，所以很多对别人来讲轻轻松松的成长对我来讲异常缓慢艰难。而到了 47 岁，我可以在摆弄鲜花、和猫玩的时候，真真切切体验到当下的快乐；

我可以在走了一趟辛苦的旅程之后，抱着自己的胳膊对自己说，一路走来你辛苦了，并且可以实实在在地从中获得抚慰；我可以在孩子崩溃大哭的时候，看见她正在经历的痛苦，深深地把她揽入怀里。

我可以当妈妈继续向我倾诉她和爸爸历时几十年的恩恩怨怨时，心中升起界限感，跟妈妈说，"妈妈我不再有能力管你的事了，这是你们的事，咱们各自管好自己"；我可以勇敢地向别人袒露自己，向外界发出请求，在被拒绝时也不再用最刻薄的话语批评自己。当负面情绪袭来的时候，我可以深深地体验它们，感受它们；当我觉得无助、难过、低落、羞耻的时候，我可以坐下来抚摸着自己或者躺下闭上眼睛跟自己说，这些潮涌会来，也会过去。

我希望走到生命尽头时，我可以对自己说，"我来了，我体验了，我明白了"。

现在看这段话，我依然感慨，一个人与原生家庭分离，与自己和解，接纳自己，既成年又成人，我想，这就是走向独立的样子。

身为女性，独立二字，绕不开。从女孩到女人，我们走的路比男性要漫长。女孩在出生时就已经被定义了，美丽、温婉、乖顺、宽容、贤惠……不是说这些不是美德，但生命那么多样，怎么可能每个女孩都成为社会或男性群体的理想型。女性要从被定义走向自我定义，比男人走的路要长。

说到独立，我曾经和朋友有过一次争论：究竟是经济独立在先，还是精神独立在先？以往我们认为，经济基础决定上层建筑，经济不独立，精神怎么独立？但我的结论是，精神独立先于经济独立，或者说有精神独立的基础，经济独立才有意义。首先，一个人的精神独立不是在18岁成年时才完成，其实从婴幼儿期到青春期，都是精神独立的发展期，在逐步奠定着精神独立的基石。从一个小女孩可以决定自己想穿什么样的衣服、交往怎样的朋友、建立哪些兴趣爱好开始，她可以逐渐接近精神独立。如果生命早期的成长环境不能够支持我们自主，那么成年后，更应该主动寻求精神独立。精神独立了，即便是全职妈妈，也可以有尊严地生活，理直气壮地告诉老公"我的工作是有价值的"，而不会因为没有赚到现金收入而觉得低人一等，连给自己花钱都畏首畏尾。精神不独立，哪怕经济独立，哪怕自己的收入是全家主要收入来源，哪怕管着上百人的公司，依然会被丈夫贬低，在孩子面前没有权威。这都是我亲眼所见的案例。

有人把精神独立总结为：敢爱敢恨，敢做敢当，敢负责，敢拒绝，敢任性，敢霸道，敢"坏"，敢"不要脸"。所谓"坏"和"不要脸"，指的是不以求全为自己的人生信条，始终把自己的成长需求放在重要位置，在寻求独立的路上哪怕引起其他人的不适也无所畏惧。

我从大学校门步入社会，成为一名电视人、主持人，就是从女性节目《半边天》开始的，每天讨论着领先于时代的女性观念，展现着各式各样女性的命运和选择，"四自女人"那是信手拈来。

四"自"，即自尊、自信、自立、自强，是20世纪80年代全国妇联提出的。自尊，就是尊重自己的人格，维护自己的尊严；自信，就是相信自己的力量，坚定自己的信念；自立，就是树立独立意识，体现自己的社会价值；自强，就是顽强拼搏，奋发进取。其中还包括四个反对——反对自轻自贱，反对妄自菲薄，反对依附顺从，反对自卑自弱。这是中国最高级别的妇女组织提出来的对女性的定位和期待，也是从过去万千女性带着血和泪的真实经历中总结出来的呼喊。

对我来说，既然道理已经滚瓜烂熟，那么身体力行也是必然的。从业 20 多年，经历了大大小小的历练甚至生死考验，听惯了别人夸赞镜头前的我"端庄、知性、机敏、有思想"，也习惯了制片人和同事说"小萌做事靠谱"。工作上，有成就感，收入也过得去；生活中，从成为妻子、妈妈，到辞职陪伴孩子，每一步都是自己的选择。

然而，从我开始想要重返社会到独自创业，看着这一步步走来经历的艰辛、困境、突破，我发现之前的我一直是一个伪独立女性。自己 40 多年的"独立"之路上，一直有着隐形又巨大的保护罩——在家有父母罩着，婚姻里有爱人罩着，工作上又有那么大一个单位罩着。我没有察觉到这些保护罩带给我的理所当然和安全感，也没意识到自己对这些保护罩的依赖和期许。在光鲜的外表下，内心似乎总有个隐隐的空洞，需要外界的要素来填充，很难和自己圆满地相处。

譬如以前，我每次做完重要的节目或是完成某项困难的任务后，都要给时任男友发个信息，迫切想要听到响应、赞许和抚慰，在得到赞美的那一刻，自己又退回到一个小女孩的状态，一个很少得到父亲肯定和赞美的小女孩。这种莫名其妙的习惯让我怀疑自己陷入了依赖型人格。

依赖型人格（dependent personality）亦称"虚弱人格"，是病态人格的一种。其显著特点是缺乏自信心和独立性。表现为：

1. 自我形象弱，缺乏自信，轻视、贬低自己，总感到无助、无能。
2. 温良驯顺，不爱竞争，避免社会压力和人际冲突。
3. 依赖他人，退缩被动，容易顺从他人的要求，若所依赖的人不在身边，易产生焦虑和无助感，甚至抑郁。
4. 具有原初性亏损（initiative deficit），即一种被压抑的生活方式，避免自我主张，拒绝承担责任，甚至容忍和希望他人安排自己的生活。这是人格发展不成熟的表现。

看到以上对依赖型人格的定义，我很吃惊，这完完全全就是我了。

过往几十年的人生，我竟然都没有意识到这种依赖感的存在，之所以 47 岁的生日感言像一篇自己的成人礼致辞，就是因为我前所未有地接近了独立，产生了反思和感想。

女儿有很多反复翻看的绘本，《失落的一角》是其中一本。这本书讲的是不要过分追求完美，有所缺失，也可以接受。我倒觉得如果精神上缺了一角，始终想寻找依靠，哪怕经济独立，事业做得风生水起，也永远成不了一个独立、完整的人。当我们能自我负责、自我承担时，当我们能独自面对恐惧、做出决策时，当我们可以为自己的决定承担相应的后果时，我们也能安全地展示、发展自己了。因为这时，我们就像会飞的鸟儿，是不害怕树枝断裂的。

精神独立的一个重要基础是敢于表达自己的感受。要表达感受，你首先要知道自己的感受是什么，知道自己是什么样的人——你是什么性格，喜欢什么，讨厌什么，和什么样的人在一起最舒服等，即心理学上说的"自我同一性"。只有在觉察到这种自我同一性之后，我们才逐渐地走向独立。

埃里克森的"人生发展八阶段理论"也在表达相似的观念，他说，我们每个人在不同的发展阶段，都有不同的心理任务需要解决。比如，在12~18岁的青春期，我们的核心任务就是发展自我同一性，有意识地回答"我是谁"，而我的青春期则迷迷糊糊地在学习中度过。

当我挖空心思地回忆那段时光，我似乎从来没想过这个问题。我从来没有问过我自己：我对什么感兴趣？喜欢穿裙子还是裤子？喜欢冷色还是暖色？我愿意做台前的工作，还是想去做幕后？生活在北京，还是去其他的城市？我未来想过什么样的生活？什么样的伴侣适合我？我最看重对方的什么品质？……

我常挂在嘴边的一句话就是"随便，都行"——吃什么？都行。穿什么？都行。去哪里玩？也都行。其实，这种随和、脾气好，是我不了解自己的感受、不敢做选择，也不敢为自己的选择承担责任。回想我年轻岁月里的几任男朋友，他们几乎没有任何相似性，不是说我有多包容，而是我似乎从来没有标准，只要觉得自己被认可、被赞美，就好开心。这种开心，让我以为这就是爱了。我没有时间认真思考这个人适不适合我，有没有吸引我的特质，无法判断这份爱的匹配度，就被那份"可依赖感"击昏了头。

结婚后没多久，我有一个闺蜜来家里玩。我先生跟她说："来看看我给你姐买的衣服，三个月内我要把她全部改变。"当时，他按照自己的喜好给我置办了好多衣服，原来我衣柜里很多我觉得舒适的、符合我审美的，都被替换掉了，换成了陌生的、与我不相干的风格。我闺蜜小声问："你为什么要改变她？"

在这句话问出来之前，我从没觉得先生的话有什么问题。是啊，我的感受是怎样的？我想要什么样的风格？我是不是为了取悦别人而抹掉了自己？而且，我没有拒绝过，甚至就连产生怀疑的意识都没出现过。我觉得我享受这份以爱为名的好意，我觉得这是爱的表现。

在很长一段时间里，不管是生活还是工作，我从来没有跟人明确表达过我想要什么，没有旗帜鲜明地去为自己争取过什么。有时是不敢，但更多时候是我都没意识到自己想要什么，更不觉得自己可以主动向外界发出信号。

在同事看来，我乖得堪称奇葩。在央视工作 20 年，我从来没有当过一天正式事业编制职工，直到 2015 年离开，一直都是企聘合同工。2003 年我参加珠峰直播，作为当时唯一的主持人，在海拔 5000 米以上连续工作 40 天，无论是对业务能力还是对体力、意志力都是极大的挑战。成功完成任务后，有领导暗示我说，立了这么大的功，还不赶快跟台里要编制。我心里纳闷，这是能主动提的吗？

2008年汶川地震，我在北川的采访作品《路遇》影响力特别大，得到业内和观众一致好评，还受邀参加了演讲团。第二年，一位资深前辈跟我说："小萌，你没有想过报金话筒吗？你现在有作品，还等什么呢？""可以主动申请报奖吗？我够格吗？"前辈说："别人是没作品都要挤破头，你可倒好，还懵着呢。"在这番提示下，我急急忙忙报了资料，于2010年同时获得了"金话筒奖"和"金鹰奖"最受欢迎主持人。得奖后，特别笨拙地送了那位前辈一条围巾表示感谢。

唯一一次跟领导提要求是2011年怀孕后，我问领导能不能给我办个电视台的车辆出入证，不然走路进来很吃力。领导都蒙了："你进台里十几年了，连个车证都没有？"的确没有，就连2000年我做早间6点的新闻节目，凌晨两点多就要到台里配音、化妆、做各种准备，出入问题都是自己想办法解决的。在这方面，我真是具有异常的钝感力。

在央视期间，我做了很多节目，拿了很多荣誉，包括去珠峰直播、报道载人航天等很多难得的机会，都是领导指派。我只是做到了机会到手，就一定拼尽全力做到最好，但从没为自己争取过机会。因为乖，我似乎得到了外界无数的正向反馈。这也越发强化了我的人生信条：乖，就能有回报。

虽说人走哪条路，都有相应的获得和失去，但现在回过头看，才清楚自己到底错过了什么。

你好，我们

小时候，爸爸在区少年宫工作，那里有一架古老的钢琴。在70年代，钢琴对于普通家庭的孩子来说属于鲜见的超级奢侈品。每次去找我爸，我都会偷偷去琴房摁两下，呆呆地凝视着它，每次离开都恋恋不舍。但是我从来没有跟父亲提过我想学钢琴，哪怕父亲的同事就是钢琴老师，如果我想学一定会很愿意教我。当时不是不敢说，而是我从来没有问过自己的感受。感受来了，我甚至都不知道它是我的感受。

　　觉察不到自己的欲望，感受不到自己想要什么，不敢向外界发出"我要"的声音，不认为自己有资格提，或者害怕提了被拒绝。这一系列的反应是怎么形成的？这个问题困扰了我很长时间。

　　小时候的我并不是这样。从幼儿园开始，小学、中学，我都算得上是学校的"小红人"，个子高，想法多，活泼好动，演出、司仪，经常主持各种大队会、校会、学校活动。因为活动多，我经常可以享受不上早自习和课间操的"特权"。三年级时，有一次我主持完全校大会，系着红领巾，穿着白上衣、蓝裙子的校服，蹦蹦跳跳地在散场后的人群里看见了我爸爸。爸爸一脸严肃，没有我所期待的骄傲的神情，相反，他看到我蹦蹦跳跳的样子说："干什么呢？这么轻浮！"当"轻浮"二字被安在我头上的那一刻，就像一声响雷，天瞬间就阴了下来。这句话在我的脑子里成为一种无法抹去的印记，也对我之后成长中的自我暗示产生了巨大影响。我观察和学习到底什么样才算稳重，内心用"轻浮"称量着自己的一举一动。

　　从小我的家庭教育的氛围就比较严肃，父亲对我很是严格，他心目中的理想女性是我妈妈那样的，沉稳、大气、文静。他用他对女性的审美标准框定着我。在他的审视下，我在家里必须规规矩矩，坐有坐相，不能大声说话，更不能顶撞；品德上要诚实透明，谦虚内敛。父亲的好恶、审美和道德评判把我从一个原本活泼、有主见的女孩生生压制成了一个拘谨、畏缩、依赖的人。

在我的潜意识里，总觉得有一个监控在我头顶的斜上方监视着自己的一举一动，就像养了一只"墙上的苍蝇"。"墙上的苍蝇"是心理学里一种有助于个人跳出局限、超脱自我的视角，对我而言，却是悬在头上的达摩克利斯之剑。在我忘形的时候，这把有无限神力的剑就会刺向恐惧的我。后来进入电视台，同事们说我最大的优点和最大的缺点都是过于理智。一个人永远保持理性和冷静，永远不敢放松和投入，这似乎暗藏着常人无法觉察的问题。

我不想把这种心理障碍简单归结于父亲对我的过度控制。因为这一切的形成，也有我的天性以及后天自我觉醒意识迟缓等诸多因素。但不可否认的是，父亲的教育是一个压迫性因素。所以每当我碰到该自我表达的时候，就会有一种面对父亲的压迫感。这种无法逃脱的隐形钳制，让我无法自然地表达主张，形成了一种不自觉的"话到嘴边留半句，事从礼上让三分"的失格习性。

我之所以把这一切讲出来，是想告诉和我有类似经历的人：你并不孤单，只要自己没有放弃成长，或早或晚，你终究还是会和自己相遇。从决定自己创业到带着团队闯关打怪，现在的我可以很笃定地跟自己说："我再也不期待庇佑和掩护，我可以脚踩大地，头顶蓝天，我可以生存，我可以和自己并肩。"

　　　　　　　　　　　　　　　　　　你好，我们

独立到底是什么？在经济上，可以支持自己的生活，如果有孩子，还要具备独自把孩子养大的能力和决心；在与父母的关系上，相爱相帮但互不干涉；在对待爱情和婚姻的态度上，能享受它的美好，也能与自己相伴，不把伴侣当成自己的第二任父母；在社会交往和职场上，有自己的专长，不讨好，不依附，不孤立，有立场，有创造性。

这是 50 岁的我对"独立"的理解。

一 小萌说

独立是，在经济上，可以支持自己的生活，如果有孩子，还要具备独自把孩子养大的能力和决心；在与父母的关系上，相爱相帮但互不干涉；在对待爱情和婚姻的态度上，能享受它的美好，也能与自己相伴，不把伴侣当成自己的第二任父母；在社会交往和职场上，有自己的专长，不讨好，不依附，不孤立，有立场，有创造性。

听从内心的声音：
把感受变成行动

在前面的章节里，我不止一次地强调了要重视自己的感受，倾听内心的声音，并敢于据此做出决定以及为结果负责。为什么这件事如此重要呢？说来也好笑，我之前的人生并不知道这些，生活的状态用四个字形容就是"随波逐流"。而让我知道这件事的重要性，还要感谢我的女儿，在为了她而阅读养育书籍时，我常常先把自己唤醒了、治愈了。这也是为什么我总爱和年轻朋友说，只要成为父母，就千万不要放过再一次养育自己的机会。

在研究"可怕的两岁"（terrible two）时，有一句话，从我第一次读到就再也没有忘记——人终其一生，寻找的就是自由和掌控感。掌控感是人们安全感以及自豪感的来源，因为掌控，所以自由。2岁的小孩，渴望自己穿好一只鞋；14岁的青少年，渴望关上自己的房门；35岁的成年人，渴望财富自由；到了老年，我们渴望自由支配自己的身体。是否拥有掌控感，直接影响着我们的幸福指数。理解了这个道理，我不仅可以对着满口"不不不"的两岁女儿不急不恼，也开始审视自己的人生。

既然掌控感如此重要，是我们作为人的本能，那为什么很多人失去了寻求掌控感的能力呢？

这就不得不提到 2020 年流行起来的一个词：精神内耗。谁最早提出这个概念呢？有人说可以追溯到弗洛伊德理论中本我和超我的拉扯、生的本能和死的本能的拉扯，意识和潜意识的拉扯，诸如此类。通俗地说，精神内耗就是心里有两个小人在不停地拉扯、打架，想太多但又不敢表达、不敢行动，于是陷入焦虑、懊悔、自责、低落等负面情绪中。

比如赶上双十一、双十二这类线上购物节，最烦人的不是又要花一大笔钱了，而是我们往往花过多的时间在各个购物平台上挑选商品。想买一双运动鞋，要在淘宝、京东、拼多多等各个购物软件上来回比较，比颜色、比材质、比款式。这还没完，还要去小红书、微博、抖音之类的社交平台看看有没有其他用户的避雷、测评，再研究每个平台的活动玩法，看看哪边的价格更便宜……

为什么决定买个东西会这么难？就是因为我们害怕买到的东西不够好，或者多花了钱，担心买了后悔，于是消耗了大量的时间去补偿我们内心对后悔的厌恶感。这就是一种典型的精神内耗。除了对后悔的厌恶，精神内耗的种类还有很多：在工作上一遇到困难，就在脑子里幻想各种可能的坏结果，却忘记了思考如何解决问题；在养育孩子的过程中，只要孩子有一点儿不按你的想法做事，就觉得孩子以后要学坏了……再比如，遇到一点儿小事就瞎想，像是老公没立刻回我的信息，是不是不爱我了？领导昨天开会没有讨论我交的方案，他是不是对我的工作不满意？要好的同事在茶水间聊天没叫我，是不是在背后说我坏话……

越想控制就越失控，越精神内耗，就越疲惫，充满压力，不快乐。

我们之所以会纠结，是因为我们的自我尚未建立，或者太过弱小，所以在需要选择的时候，总是卡在原地，既不想错过，又不想把自己交出去。就拿购物的例子来说，"那个东西真好看，想买"，这可能是来源于感性、欲望和本能；"买了便宜的东西，被朋友笑话怎么办"，这可能是源于现实压力以及周围环境的潜在影响；"省省吧，到手估计也就那样"，这可能是来源于理性、过去阴影的影响。在自我不够强大之前，我们需要有意识地去锻炼自己。这样的锻炼需要我们付出痛苦的代价，但就如罗曼·罗兰所说："世界上只有一种真正的英雄主义，就是在看清生活的真相后依然热爱生活。"

要跟随内心的声音做出属于自己的决定，就要面对一种可能性：后悔了怎么办？《请停止精神内耗》这本书里，提到了"后悔最小化偏见"这个心理陷阱，前面我们讲的购物的例子，其实就是陷入了"后悔最小化偏见"，我们妄图采取一切措施去避免后悔，却忽略了为此付出的成本代价。

这种对后悔的恐惧和厌恶，不仅让我们陷在精神内耗里，还会影响我们决策。马斯克在实施火箭发射计划时，如果他害怕后悔，他还会投入吗？面对连续三次的发射失败，只剩最后一次机会的他，如果心想：这次要是再发射失败，我就完了，我可不能因为这个后悔，那他还敢再发射吗？人类如果害怕后悔，将无法向前。

我们每个人都是如此。如果害怕后悔，就很难做出适合自己的选择。害怕巨大的不确定性很正常，但我们要相信人的适应力是非常强的。如果我们一味地害怕自己未来会后悔，就少了很多尝试人生可能性的机会。

有些人害怕走进婚姻，有些人不敢生小孩，有些人退休了有闲有钱也不敢出去玩，那你很可能错失了一个可以跟你厮守终生的人，错失了体验为人父母的巨大幸福和快乐，错失了拥有一个不一样的人生的机会。

此外，我们一定要告诉自己，我在那一刻的选择是我在那一刻的最佳选择。

我不能要求 20 岁的我，选择恋人的标准和现在的我一样成熟稳健，我也不能在我从来都没有做过投资的情况下，一上来就投资成功。在每一个阶段，我们都会有自己的需求、自己的困境，并据此做出当下最适合自己的选择。所以不要埋怨当时的自己，不要后悔当时自己的选择，这种后悔既没有意义，还会让你在未来做决定时更加犹豫不决。

《请停止精神内耗》中说："唯恐做出错误的决定，于是裹足不前也并非上策，不如就自己的认知和可以获得的信息勇敢地做出选择，同时要对自己的选择有信心，并轻松地看待一切。相比考虑决定及可能产生的后果，更重要的是不断确认自己是否有能力接受自己的改变。"

那么，有没有可能不用在成年后再去学着倾听自己，再去学着做无悔的决定，那样真的是太辛苦了。一个人不了解或是不会表达自己的感受，在心理学中叫作"述情障碍"。人们在童年时期所受的管教，往往会造成他们成年后无法判断自己的感受或情绪，从而无法听见自己的声音。比如，当孩子说"我生气了"，家长会说"就为这么一件小事，有什么好气的？"。或者，当孩子说"我害怕"，家长会说"没什么好怕的，你又不是小孩子"。这些话听着是不是很耳熟？这些父母冲口而出的管教，都在告诉孩子：你的感受不重要，甚至根本就是错的。

有一个我印象非常深刻的视频，视频里一个四五岁的小女孩跟妈妈逛街，看到街边有人免费发放气球，小女孩很想要，但没敢说。妈妈看了觉得这样可不行，于是起心动念决定教给女儿该怎么做。妈妈扮演发气球的阿姨，让小女孩说"阿姨，我想要个气球"，这个"阿姨"就假装给她一个气球。妈妈又想，万一孩子被拒绝了怎么办？那还要训练孩子被拒绝后的情绪管理。于是，当小女孩安全感满满地又说"阿姨，我想要个气球"时，妈妈假扮的阿姨语气一变："没有了。"小女孩一听，眼泪一下子就涌了上来。妈妈借机教育："来，我们说'没有也没关系'。"小女孩眼泪还没擦干，就又学着妈妈的语调："没有也没关系。"

这个视频转发量巨高无比，评论区都在说"好感动"，认为妈妈会教育。但我看完之后却另有一番滋味在心头，甚至带着一点点悲伤。

一个孩子不敢向陌生人伸手要东西，难道不是一件很正常的事吗？我们作为大人，有时候都不好意思跟别人要免费的礼品，为什么却反过来要求一个小孩子做得比大人还要好呢？然而这个妈妈觉得不对，"不敢要"代表孩子有社交障碍，我要训练她！再者，孩子被人拒绝会感到难过，这不也是很正常吗？但这个妈妈觉得"不行，要训练孩子的情绪管理能力"，必须"没关系"。

然而，当孩子眼泪汪汪、违心地说着"没有也没关系"的时候，她真实的情绪实际上被扭曲了。我感到悲伤的恰恰就在这里，因为，就像我被迫接受情绪管理的训练一样，或许她也会慢慢地不敢相信自己的感受，会默认"我的感受是错的，别人要求的才是对的"。这可能也是为什么我们总害怕让别人失望，除了担心给别人添麻烦，更因为我们已经习惯了以他人的感受为准。

所以，有了女儿之后，我最注重的一点就是让她表达自己的真实感受。虽然未必所有感受都是恰当的，但我还是希望能让她在相对安全的家庭环境中，不断尝试自己做主是什么滋味，并且在合适的边界内为自己做决定。女儿从上幼儿园起就能非常明确地说出自己的喜好和需求：喜欢喝什么饮料，想穿什么颜色的衣服，留长发还是短发……在父母必要的职责之外，能让她自己决定的，全部让她自己做主，她不想接受的就可以坚持不接受，当然原则是不影响别人、不伤害自己、不破坏环境。

有一段时间，我们读了一本绘本《深蓝的艾莉》，主人公艾莉永远是深蓝色：穿深蓝色的衣服，住深蓝色的房子，吃深蓝色的蓝莓果酱，床也是深蓝色的……我女儿正好有一件深蓝色的毛衣。于是读完那本书后两个多月的时间里，她天天就只穿那一件衣服，脏了、起球了都不管，洗干净第二天必须接着穿。我家阿姨实在没法理解，问我怎么不让女儿换衣服，明明有那么多好看的衣服。我心想，"穿什么衣服"的重要性，可是不及"让女儿敢于坚持自己的决定"的1%呀。

很多朋友都说我"心大"，因为很多家长遇到这样的情况可能就要崩溃了，我见过很多父母，因为孩子没有按照自己的习惯和意图去生活，就每天咆哮着纠正。不仅孩子万般焦虑，被父母折腾得号啕大哭，家里更是鸡飞狗跳。所以，哪里是我心大啊？我只是在觉察到自己的困境之后，明确地支持女儿如实说出自己的真实感受，尽可能坚持自己的选择，哪怕这些感受和选择在我看来有点儿疯狂。她只有敢于选择喜欢的，才有勇气和能力拒绝不喜欢的。

比如，最近我朋友邀请女儿本本参加一个小朋友一起画漫画的课外项目，把她拉进了微信群。女儿跟我说："妈妈，我不想参加这个项目。"我问为什么，她说："我最近学习和课外都挺忙，而且这个项目我大概看了一下，不是很有兴趣。"我说可以不参加，她说："那我偷偷退群？"我说："宝贝，不想参加这件事，一点儿都不伤害人，但是如果不说就偷偷退群会显得不够有责任感，反而会伤害到别人。"她立刻就懂了，于是给漫画项目组的老师发微信说了自己不想参加的原因，表明了态度，然后说谢谢、说抱歉，礼貌地退了群。老师后来跟我讲："这孩子了不起，说话有理有据，清清楚楚，毫不拖泥带水。"那时女儿10岁，这些事情我让她自己决策、自己处理，就是让她在有我托底的情况下锻炼自己。养育一个有主见的孩子，对父母的要求相对高一些，因为对于这样的孩子，我们只能以理服人，强迫、吓唬根本行不通，沟通成本偏高，但做父母本来就是不计成本的啊。我支持她成为自己人生的主人，她要在成为自己的路上，做真正的操控者和驾驶者。

有一句话，特别适合父母：己所不欲，勿施于"子"。

如果说我是一块被塞进模具的泥巴，父亲按他设定的模子塑造了我的形状，那么，我希望在女儿的成长过程中，我提供给她的是一个培养自主意识的"子宫"，让她有生长所需的温度、养分、情绪，让她长成她自己本来的模样，带着自己的意识，带着自己的意志，自由地生长。

这种坚持，既是在保护我女儿，同时也是我的一次自我救赎。当我尊重女儿的感受、允许她表达自己时，我的感觉神经也越来越敏锐。我开始更在意自己的情绪，捕捉自己细微的开心或者别扭。

可以说，孩子的出现、每日事无巨细地目睹她一天天长大的过程，给了我一次次重新审视生命的机会，养育孩子的过程中，我也把自己重新养了一遍。这是生命之间的一种温情馈赠。我很喜欢这种成为母亲的过程，通过反哺和救赎，我和孩子都变得更饱满，更充沛，也更有力量。

虽然蜕变的过程依旧艰难，但那个"模具"已经开始发出崩裂的声音。那个内在自我正在慢慢壮大，撑破束缚，虽然它来得迟了一些，但我依然坚定，依然无悔。

一 小萌说

在每一个阶段，我们都会有自己的需求和困境，并据此做出当下最适合自己的选择。所以不要埋怨当时的自己，不要后悔当时自己的选择，这种后悔既没有意义，还会让你在未来做决定时更加犹豫不决。

独立不是孤立：
搭建自己的支持系统

  2023 年的春节，终于可以自由地旅行了。我年过八十、一直喜欢旅行、爱吃爱玩的父母，整整三年没有坐飞机了。我问他们如果出游有没有顾虑，我妈说："没啥顾虑，疫情还是有，日子还要过，对疫情我们既要重视又要无视，做好防护随女儿去玩多么幸福呀！"于是，我和家人选择了海口，既有南方的温暖，又没有过分的喧嚣。

  海口最高的自助餐厅在海口希尔顿 33 层，可以俯瞰海口湾和海上的落日余晖。等待开餐时，女儿读着纸质版的《简·爱》，我读着电子版的《请停止道歉》。《简·爱》，一部反映工业时代下英国女性意识觉醒的经典著作，每个女孩第一次打开《简·爱》的瞬间都值得记录。而我在读的《请停止道歉》是互联网时代的美国畅销书，"小镇女孩书写传奇，写给不甘被定义、努力成就自己的独立女性"是对这本书的介绍。将近两百年过去了，时代在变吗？

  现在的网络环境下，提到独立女性、女性意识觉醒，就有可能被扣上"性别对立""打权"的帽子。事实上，女性自我意识的觉醒，追求的是让弱者得到尊重，而不是让所有女性都要成为强者，更不是和男性之间的零和游戏。我的第一本书《你好，小孩》的电子书已经上线，我看到很多读者说这是一本让妈妈放下焦虑的书，看到这样的评价我真的很欣慰。但也有一位读者说，我提到全职妈妈也应具备重返职场的可能性，让她倍感焦虑，所以，这不是一本好书。

带给读者这样的阅读体验，我真的很抱歉。我并非在贬低全职妈妈群体，相反，对于全职妈妈，我们不仅不应该贬低，而且还应该重新理解家庭主妇，承认她们在家里的劳动和付出是有经济效益的。说全职妈妈要具备重返职场的可能性，就像是对救生设施并不完备的乘客说，如果你会游泳的话，那么遇到风浪时，也许你生存的机会大一些，但并没贬低不会游泳乘客的意思，努力去完善救生设备和救生训练才是更重要的事。

即便像我这样一头扎进职场，也不意味着我是单打独斗，我也绝不是一个女强人，我该示弱的时候绝对示弱。任何人都应该是独立的，但不是孤立的。瑞秋·霍利斯在《请停止道歉》中，就狠狠抨击了那些明明有很多帮手，却要标榜自己里外一把手的女企业家或女明星。她认为媒体这样不切实际地渲染一个个全能的女性成功者，对其他女性不公平，因为当你要同时处理太多事情时，很容易筋疲力尽，甚至放弃梦想。一定要大大方方地寻求帮助。我深深认同这一点，因为，我就是一个毫不犹豫寻求帮助并受益的人，我有意识地搭建了属于我的社会支持系统。

某种意义上讲，每一个支持我的人，都不比我更轻松。

他们包括了我的父母、女儿、我家的阿姨兼司机、女儿的老师们、女儿的朋友们的家庭，还有我的朋友们、合伙人们、同事们，他们都是我的社会支持系统中强有力的构成部分。

2019年秋，我在深圳和粲然一起为了三五锄教育的事出差，中午吃饭吃到一半，手机响了，手机屏幕上显示来电是女儿学校，我的心跳瞬间加速。我到走廊里接起了电话，电话里说："本本妈妈，您好，这里是学校医务室，本本的腿应该是骨折了。"

预感应验，这已经是我第二次在电话里听到女儿在学校骨折的消息，上次是胳膊，这次是腿，中间间隔了半年。我深吸一口气，让女儿听电话，问她怎么样，她应该是哭过，哽着声音说："妈妈，疼，你不在北京，怎么办啊？"那一刻，说不难过、不心疼是假的，但我只能平静而有力地跟她说："本本别担心，妈妈会用最短时间安排好，然后马上打电话过来，给我几分钟。"

大脑飞速运转，本本父亲也不在北京，指望不上，我父母年纪大了，这几年明显地更加依赖我，这个电话打过去，他们也许帮不上忙，自己还急坏了。于是我想到了我的闺蜜，就是去我家里问我丈夫"你为什么要改变她"的那个。他们夫妇都是我的好朋友，我也有意识地让女儿和他们混得很熟。本本在电话里一听是自己很熟悉的人去接她，医院也是她常去的医院，我瞬间就从她的声音里听出了"放心"二字。

所幸闺蜜夫妻俩都是自由职业，得到消息，他们二话没说，很快到学校接上女儿，带着她去医院拍片子、打石膏，然后把她稳稳当当地送回家，移交给我的父母。中途我收到照片，女儿正开心地玩着手机游戏，看上去似乎还在庆幸不是我接的她，这样才有游戏玩。

一切安排妥当，回到餐厅包间，一起出差的粲然了解情况后瞪着一对大眼睛，操着她软软的闽南腔说："哇，你太强了，本本也太强了。我做不到你这么淡定哦。"

每个人都不应该是孤立的，每个家庭也不应该是孤立的，如果我们有意识地不让自己和家庭成为一个孤岛，就会发现身边能建立起一个强大的支持系统，不管你生活在城市还是乡村，不管你住的是独栋别墅还是多层楼房，也不管你是生活在故乡还是他乡。

我还想用一点儿篇幅讲讲我家的阿姨兼司机——小郭。她的出现，是我求助社会支持系统、解决自身难题的一个经典案例。

在我越来越多地需要工作时，我发现，自己开车已成为一个高风险行为，好多次走错路、找不到车位、无心地违反交通法规。如果改叫网约车，我又经常需要早上 6 点出门，根本叫不到，正不知道怎么办好的时候，我女儿帮我下了个决心。女儿从幼儿园小班就坐校车，已经有了 8 年"车龄"。但每周有两个下午她要去上课外课，不坐校车，我父母负责接送。一个星期里，我父母开车接连发生了两次小剐蹭，女儿吓得在车里哭。我想，这个开车的问题，必须要解决了。找一个司机？但我又不是每天都行程满满，不习惯让一个大活人在车里等我几个小时，另外，我也不想乱花钱。好在，我有一家用了多年的家政公司，我问他们能不能找一个有驾驶经验的阿姨，很幸运，小郭是我面试的第一个，到现在她已经在我家工作三个年头了。她的到来解了我家的燃眉之急，我早上出门有人送了，女儿课外班有人接了，如果用车和家务有冲突，父母就会自告奋勇地承担起家务。一家人，就这样良性运转着，让我没有后顾之忧。我非常感谢他们，对我包容又体谅，也不要求我做一个全能女人。我家的原则是没有永远的主角，根据实际情况，谁都可以是支持者，谁都可以成为被支持者。

曾经有一个正在创业的妈妈问我怎么平衡家庭和事业。我问她："你觉得能平衡吗？"

她说："应该能吧……"

我说："不能。不要给自己提这种要求。一个女性成为妈妈后，可以根据自己的特点做出选择。如果你特别喜欢小孩，希望陪孩子度过所有重要时刻，且条件许可，那么就全职在家；如果你非常喜欢工作的成就感，觉得生孩子只是一个过程，或者家里需要你这份工资收入，那就去工作；如果想兼顾，有兼职工作可以做，也行。怎么选择都可以，就是不要违背自己的意愿去选。"

她说："我是很喜欢工作，但忙起来又觉得对不起孩子。"

我说："我理解，但可以忘记这种拖我们后腿的愧疚感。用一些小方法让孩子感受到你的爱，比如出差时给孩子网购个礼物，根据孩子需求视频、倾听，在一起时提高陪伴质量……但不需要愧疚。一个努力打拼、积极向上的妈妈形象，带给孩子的正面影响不可小觑。最重要的是，妈妈要照顾好自己的需求，也要通过一切方法让孩子明确知道我们对他们始终不渝的爱。"

人们总是想要做全能选手，事实上，这也是一种自我设限。

什么是自我设限？比如面对一个重要的考试，你觉得自己肯定过不了，索性就不复习了；准备了很长时间，明天要跑马拉松了，你觉得自己肯定坚持不下来，干脆今晚和朋友去喝酒；你觉得自己全职带娃那么多年，如果重新工作既没有技能还要准时下班去接孩子，没法平衡，于是也不认真准备简历和面试了……

这都是自我设限。

即使考过那场重要的考试、跑完一次马拉松、找一份工作，都是你内心非常渴望实现的目标，但你已经提前准备了一个失败的理由，来给自己铺垫——万一失败，不是因为我无能，而是一些外在原因导致我失败了。

这其实是一种心理的自我保护机制，会自我设限的人，往往自我价值感低，比起成功带来的喜悦和成就感，这样的人更害怕被看作"失败者"，害怕承认自己的无能。当他们着急忙慌地保护着他们的自尊心时，却忘记了自我设限也会带来诸多坏处，比如降低达成目标的概率，无法提升自身能力，错失许多宝贵的机会……所以有人说：自我设限是废掉一个人最直接的方式。

如何克服这种不想求人的自我设限呢？可以思考以下几个问题：

1. 我的精力应该投入到什么地方？那里有我认为真正重要的事物吗？
2. 我把事情看得过于困难了吗？如果是，原因是什么？
3. 我是根本不想达到这个目标，还是因为害怕结果不如预期，所以需要一个减轻压力的理由？

只要你放下自我设限，相信自助者天助之，就可以随时随地找到自己的支持系统。

女儿第一次骨折，是从学校的攀爬架上摔下来造成的，胳膊上两处骨折，那次是我去接她的。她哭喊着疼，我告诉她，妈妈向你保证，你摔下来的那一刻实际上就是最坏的时刻，从那一刻开始，事情就开始往好的方向发展了，你身体的免疫系统、血小板都在调动力量保护你。到医院，需要拍 X 光确定骨折的情况和位置，偏偏拍摄需要的是女儿觉得最疼的姿势，医生也不忍心，我们正商量怎么办，只见 8 岁的女儿，咬着牙，生生把自己骨折的胳膊抬到了拍摄台上，连医生都夸她坚强。女儿的坚强和主见，是我最强大的支持。做完手术，麻药劲儿一过，女儿觉得特别疼，我就又发出了对外求助。那时已经是晚上 10 点了，在女儿的班级群里，我说："不好意思这么晚打扰大家，我有一个请求。我女儿做完手术了，她想跟小朋友们说说话。"瞬间，群里一条条语音消息进来了，稚嫩又温柔的、奶声奶气的声音说着："本本，你疼吗""你还好吗""你什么时候来上学""我能去看你吗"，孩子们真切的关心、惦念，把整个病房变成了温暖的橙色。到了半夜，女儿疼醒了，又把那些语音反复听着，来自朋友的关心成了她受伤后最大的支持。而我，要是以前，是绝不会给别人添这样的麻烦的。

我这样做也是想给孩子一点儿启发，向同伴发出请求并不难为情；向世界发出声音，会得到响应。孩子尤其需要跟同伴的情感联结，对他们来说，来自家人、同学、小伙伴的关系网，都是强有力的防护网，这是一个非常重要的社会关系意义系统，能让他们在遇到心理冲击时，不会一落千丈，给心灵找到依靠和支撑。很多社会新闻里的悲剧，都是因为孩子们没有建立起稳固而复杂的社会支持系统。

再说说善于调动学校的支持对于我的重大意义。

女儿手术后第三天就嚷着要去上学，她觉得在学校会更开心。我表示只要她可以独自上洗手间了，我就全力支持。女儿不服输，马上演示给我看，小身板被胳膊上重重的石膏拽得东倒西歪，还找不着平衡呢。家里人都不放心，毕竟老话说伤筋动骨一百天。但我说，只要孩子自己准备好了，就支持她去，要是她真在家休息三个月，不光对她康复不利，对她的心理健康也不利，全家人会过度地照顾她、怜悯她。意外发生，在所难免，我们需要帮助孩子在这个过程中感受到自己的强大，而不是越来越脆弱。如果她愿意尽快回到那个她熟悉的同学关系网中，回到她的社会支持系统中，对她的精神和身体恢复都有利。

但我毕竟是一个成年人，要对女儿的安危负责，不能莽撞行事。所以我单独去了一趟学校，见到了女儿的校长、年级长和班主任，我既表明了对这个意外事件的立场，也提了要求。第一，我理解小孩户外活动无法完全避免受伤，也不愿意看到因为这件事就限制同学们的户外活动项目，但我希望学校仔细排除攀爬架等器材可能潜在的风险，避免类似意外的再次发生。第二，因为我给女儿上的商业保险足够覆盖本次的医疗费用，所以学校的保险我不需要了，更不需要额外的补偿；第三，女儿近期返校后，请老师和同学给予她一些必要的照顾和特殊的日程安排。

　　老师们本以为我是来闹的，听我这样说，紧绷的表情放松下来，告诉我会好好安排。其实我的那段谈话，是在为女儿营造一个良好的学校环境，我希望学校看到本本的家长是有自己的判断和主张的，这也是给孩子撑腰。骨折手术后第五天，女儿自己乘坐校车返校了，右臂打着沉重的石膏，左胳膊挎着书包和学习必需品。她歪着身子消失在校车的车门里，我没有觉得伤感，我看到了她的信心和力量。在学校，每次上下楼梯，老师会让她在一个同学的陪伴下走在最后，避免被冲撞；早间和体育课的时候，她可以自己选一个小伙伴陪她去图书馆；吃饭、喝水、上厕所，都会有小小的志愿者给女儿帮助。她每次去操场都被同学们簇拥成一副"女王出巡"的搞笑派头，有同学在两边"护驾"，被关心和照顾的她，反而成了众星捧月的焦点，甚至是有点儿令人艳羡的风光无限，有个小朋友仰着小脸跟我说："本本妈妈，我也好想骨折啊……"

　　回想起那段日子，女儿心里都是温暖和爱，没有阴霾或顾影自怜。后来我跟女儿说："我们和我们的朋友，都在对方需要的时候毫无怨言地出手帮忙，尽最大努力地互相支持，真好呀。你虽然还这么小，但已经很独立、有自己的主见，骨折了能够去上学，学校和同学给了妈妈给不了的支持，妈妈也没因此耽误工作，我们全家和自己的亲朋好友就是一个特别棒的团队。"女儿点点头。我想她慢慢会明白，搭建一套属于自己的有效的支持协作系统是多么重要。更重要的是，我们不仅可以得到他人支持，也会随时待命支持他人，这样每个人的独立才不是遥不可及，这也是这个系统的意义。

为什么过去似乎不需要刻意搭建支持系统？因为现在我们一不小心就可能陷入"关系贫困"。想想过去，一个家庭，几代同堂，直系旁系往来紧密，烟火气十足。一个女性身边有许多帮手，不管是七大姑八大姨，还是街坊邻里，总可以提供一些生活经验和情感支持，在更紧密和复杂的社会关系网络里长大的孩子，社会化能力也更强。这样的方式，虽说有界限不清、太过透明的问题，但不可否认，也给我们带来了许多帮助，有益于我们的身心健康。随着生活方式、居住方式的改变，出现了越来越多原子家庭——只有父母和孩子，家庭像个孤岛。城市化带来了便捷，也带来了很多看不见的边界，把我们和有效的社会协作默默隔离开来。所以，我们需要有意识地去搭建这样一个系统。无论是大人、孩子，还是整个家庭，建立并扩大自己的社会支持和协作系统都异常重要。亲属、朋友、邻居、同事，甚至是陌生人，都是我们宝贵的资源，能给予我们慰藉和力量。

我家旁边有一个免费的公园，我经常去那里慢跑。以前觉得挨着公园住特别吵，早上6点园里就热闹起来，晚上广场舞也要闹腾到很晚。但是慢慢地，我越来越庆幸在我日常生活里有这么一个公园。每次从那里跑步回来，我发现自己不光身体上感到放松，心理上也会得到纾解。公园里那些拉二胡唱戏的大爷、逗孙子的奶奶、手拉手蹲地上看虫子的三四岁小朋友——这些陌生人给了我丰富的滋养。哪怕我们互不相识，他们给我一种联结感和归属感，让我由衷觉得，生活可以如此生机勃勃，而我也是这种生机勃勃的生活中的一分子。

所以，那种貌似我行我素的独行侠，是过去倡导独立思考、独立判断的女性对"女性独立"的一种假想。到今天我也越来越明白，绝对意义上的独立是不存在的。现代社会，我们几乎不可能不受他人、命运际遇以及世界的复杂影响，由此看来，独立思考永远只是相对的。把自己放到世俗社会的人间烟火中去，并不会有损你遗世独立的清醒，反而会让你多出一份"和光同尘，与时舒卷"的别样智慧。

一 小萌说

女性自我意识的觉醒，追求的是让弱者得到尊重，而不是让所有女性都要成为强者，更不是和男性之间的零和游戏。

独立思考永远只是相对的。把自己放到世俗社会的人间烟火中去，并不会有损你遗世独立的清醒，反而会让你多出一份"和光同尘，与时舒卷"的别样智慧。

过不被评判的人生：
与内心的大法官握手言和

作为一个中国人，有一个很大的优势——我们的文化把我们应对成败的心境都照顾好了。顺境时，儒家哲学告诉我们在现实生活中实现自我价值的重要性；逆境时，道家思想跟我们说，尊重生命、尊重客观规律，既要全力以赴，又要顺势而为。有人左右逢源地总结出"入世地做事，出世地做人"，两大哲学系统让我们进退有据，不管怎么样都可以获得支持。

为什么我们的进退要"有据"呢？因为我们很难逾越评价，无论外在评价还是内在评价。人生两大痛苦——活给别人看、看别人生活。评价，会影响我们的心境、决策，甚至是人生。有了理论依据，当被别人或自己质疑、挑战的时候，我们就有了抵挡的武器。

那么如何忽视外在评价，同时建立更加正面的内在评价，让我们的人生真正为自己而过呢？

俗话说：佛有七只手，难遮众人口。外在评价这一点相信很多人都很有感触，之前有一条热搜——"小城市的窒息感"，有人提到在小城市你没办法真正做自己，既要面对亲戚的闲言碎语，还要面对家里的催婚、催生，人生的方向好像只能朝着他们口中的"体面"发展，面子比什么都重要。在小城市里，自己的梦想得不到尊重和理解，想做点儿什么事情很容易被贬得一无是处，你想要获得家人的认同和支持，只能按照他们为你铺好的路往前走。大部分人总是表里不一，所做选择并非内心的渴望。人们无法克服基因里自带的群居意识，惧怕被疏离与被排斥，惧怕孤单与失去同盟。

这其实就陷入了"外在评价陷阱"，过于在意他人的想法、评价，心甘情愿地被他人摆布，却忘记了自己内心的追求和梦想，丧失了衡量自己到底喜欢什么、不喜欢什么、想要什么、不想要什么的标准。

比如我，我如果听从其他人说的"哎呀，好好的为什么要从央视辞职"，然后我就继续留在央视，那未必适合现在的我；我如果听从其他人说"什么创业，不过就是铜臭味"，然后就犹豫不前，那不仅毁了我，也会害了信任我的人。

我现在真正在过自己想要的人生了，但我仍觉得自己醒悟得太晚了。

我在北京一个非常普通的市民家庭长大，从小听我妈妈讲的就是："女孩子不用太出色，也不用太有钱，女孩要温柔要谦让，不要有攻击性，将来只要嫁得好，改变命运很容易。"妈妈的观点不能说是错的，那是她从生活观察中总结出来的，错的是她只概括出了千万种人生中的一种而已。

随着人生阅历的增加，来到了一个相对成熟的年龄，我越来越发现，我不是妈妈描述的那样的人，我是有勇气从 0 到 1 去实现一件事情的人；我是可以坚持吃苦、反复琢磨，然后去实现一件事情的人；我也是敢于去创造财富价值的人。我不需要别人说我温柔善良、贤惠漂亮，因为我有自己想走的路，想要实现的人生。

要想减少外在评价对我们的影响，就要建立更加正面的内在自我评价，我不知道你是否曾陷入过度的自我评判？我曾经很长时间都深陷其中，内心的"大法官"形影不离地跳出来，对我的各种行为吆五喝六地一通评判。我倒不是说自己热衷自我反省，事实上，说难听一点儿，这就是优柔寡断，患得患失。

我用对女儿的教育故事强调了敢于表达自我感受的重要性，但是随着我对内心"大法官"认知的觉醒，我意识到我们还要敢于接受自己的感受，这也是精神独立的重要基础。一个不接受自己、不真正爱自己的人，是不可能做到精神独立的。

就像《0次与10000次》里所讲的那样，绝大部分人心里其实都住着一个"内在审判者"。这个内在审判者大体上可以分为三种类型：对于成就特别看重的内在审判者——"我不能输""做什么都要做到最好"；对于情感特别看重的内在审判者——"我好内疚""是我自私"；惩罚型的内在审判者——"我不行""我好差劲"。

以前，我对矛盾冲突一直选择回避，不敢直接面对，就是这个"大法官"太敬业了，因为它不停地告诉我：你不能跟人面对面谈判，你会输的；你的欲望被人看见了，你好丢人；你发信息别人都不回，你就是个失败者……这些批判的声音越发让我踟蹰不前，陷入消极、羞耻、焦虑，导致自己越拖越被动。

对于我这种生性内敛的人，没有一种批判比自我批判更强烈，也没有一个法官比我们自己更严苛。而且，很多时候，这个准绳在我们内心会形成一种反作用力，把自卑幻化成一种毫无依据的自负，导致很多时候会遭遇一种"什么都看不上，什么也做不成"的尴尬境地。

在一次"正念"课上，教练曾带我们做过一个练习：当你非常要好的朋友遇到了困难，经历痛苦，你会怎么做？你会说些什么？用什么样的语气？你的身体姿势是什么样的？如果这个对象换成了自己，当你遇到了挑战，正在经历痛苦时，你又是怎么对待自己的呢？二者有什么不同？

面对朋友，我们第一时间是想要去理解他、安慰他、鼓励他，可能会给他一个拥抱，温柔坚定地告诉他：我一直陪着你，别害怕。而面对自己，先跳出来的往往是你的"大法官"，裹挟着各种想法、念头、情绪，一起冲你大呼小叫，让你在面对压力事件的同时，又增添了第二重压力，从而让我们的内心世界雪上加霜。

我们为什么不能像对待朋友那样，不妄加审判，不冷嘲热讽，友善、包容、耐心地对待自己呢？

我的第一本书《你好，小孩》的副标题里有"善意养育"四个字，这四个字不仅是父母对孩子，也是我们对自己该持有的态度。善意，本质是对完美主义的清醒认知。"完美"这个词透着一种意识上的贪婪和懒惰，实际上就是主动放弃了多样性的可能和红利。没有任何人的一生是完美的，世界上也压根不存在完美的人生。但对于这根不存在的胡萝卜，我们却总是趋之若鹜。

一旦有了这个清醒的认知，你就不会盲目苛责自己不够完美，意外和不确定性似乎也都合理了起来。让自己的心理免疫系统学会钝感，对自己是有益的。我们再去看中国的中庸文化，反而不再觉得不解和鄙视，而是体味到了动态平衡的睿智。

追寻我跟自己和解的开启瞬间，要回到 2018 年。

那年春天，我受朋友之邀去西班牙骑行。当时正处于重返职场前的焦虑期，和女儿之间的关系也随着她的长大需要重新定位。我是想来一次绝地之旅，把自己扔给异国他乡，通过陌生的环境、体力的极限考验，给自己重启人生的勇气。

我们走的是一条当地的著名路线卡米诺·德·圣地亚哥——从靠近法国的边境出发，横跨西班牙北部，一路向西，最终抵达大西洋沿岸的圣地亚哥，全程将近 800 公里，被很多人称作"朝圣之旅"。千年的朝圣路，对于信徒来讲，属于宗教活动，通过途经各类宗教圣地祈福、赎罪。在漫长的岁月里，行走在朝圣之路上的人们，其目的已经渐渐从宗教信仰扩展到更宽泛、更宏大的人生命题。每年 50 万人在这条路上与自己对话，与自己抗争，与自己和解。想不到，在那个艰难岁月，无神论的我，竟然也成了其中的一员。

行进在卡米诺的路上，每一寸土地，似乎都深深烙刻着千百年来无数朝圣者的脚印。如果你独自安静地行进，甚至可以感受前赴后继的人们留下的喘息声和汗水味，一条被悲伤、挣扎、平静抑或麻木的心情掩埋的公路。苦海无涯，以终点为彼岸。走在浩荡的队伍中，会被莫名鼓舞、抚慰、陪伴，孤独但并不孤单。

这种冥冥中的力量，对于我这样的山地车零基础人士，堪称每一次命悬一线时起死回生的支撑力。那是一次严格意义上的山地骑行，每天上升或下降的垂直海拔高度从几百米到 1000 米不等，气温在零摄氏度以下和 20 多摄氏度之间徘徊，大段的山间土路，泥泞不堪。每天，我都在体验着不同程度的绝望，根本无暇顾及远在北京的工作话题。

艰难跋涉整整六天之后，我们到达了计划的终点——圣地亚哥教堂前的奥布拉多伊洛广场，周围是三三两两的各路朝圣者，有的精疲力竭，一坐不起，有的激动得好像拿了奥运金牌。而我，心情平静得令我自己都惊奇。近千年历史的教堂为朝圣者们举办的弥撒，任何人都可以参加，即便不是教徒。恢宏的教堂被挤得满满的，风尘仆仆的人们看上去落魄疲惫。硕大的香炉从巴洛克风格的教堂屋顶垂下，喷吐出的烟雾从人们头顶划过，寓意草药的烟气可以消除徒步者一路的饥寒交迫和伤病疼痛。唱诗班开始吟唱时，我就站在人群的后面，那一刻，我下意识地抬手拥抱着自己的臂膀，轻轻摩挲，就像拥抱疲惫的女儿，同时在心里默默对自己说："这一路走来，你也不容易。"两行眼泪无声地滑落。

这一路走来，多少次在坚持与放弃之间挣扎，经历了那些平静的日子、幽暗的日子、高光的日子，带着一路风霜，我终于站在自己面前，对仿佛早已经等在那里的自己说："我来了。"

我第一次深深体会到什么是爱自己，没有评判心，单纯地带着疼惜和善意，看见自己的辛苦和伤痛，拥抱自己，抚慰自己。我拥抱的是那个在漆黑山间推着车蹒跚而行的小萌，是那个经历人生和财务危机、灰心丧气的小萌，也是那个黑黑瘦瘦、躲在角落里的

10 岁的小萌。

那次骑行之后，我的生活并没有发生什么戏剧性的变化，但是我知道，某些深层次的转变正在我的身体里发生着，缓慢却深远。住在我身体里的那个兢兢业业的"大法官"似乎不再凶巴巴的。我们终于能握手言和了。

当我对自己保持善意，具备了真正的成长型思维，愿意接受挑战、承担失败，可见的进步一点一点地发生着。内心的"大法官"学会如实公允地评估自己和他人，终于让一个更加真实的自我呈现了出来。它影影绰绰，不会太过于清晰，因为，我们来到这个世界，所能理解和看到的，永远都不会那么清晰，但太过模糊的人生是不值得过的。现在面对任何一件难事，只要想到这件事解决后可以获得成长，我就很乐意去正面迎击、跟它死磕。

我不会再想着绕开或者逃避，我不会让"大法官"肆意地指手画脚，也不会让自己躲在根本不存在的保护伞下。当我把真实的自己袒露出来，经历着日常的风晴雨露，我越发茁壮，也越来越有底气。我终于有勇气说，我就是自己的保护伞、承重墙。我能独立行走社会，头顶是天，脚下是地，不再慌张。

这是即将知天命的我才完成的成人礼。虽然迟到多年，但我甘之如饴。

愿我们一生尽兴。

对自己保持善意，具备真正的成长型思维，愿意接受挑战、承担失败，可见的进步就一点一点地发生了。

我们来到这个世界，所能理解和看到的，永远都不会那么清晰，但太过模糊的人生是不值得过的。

第 5 章

刷新与破局

处女作的意义：
用一本书打开一个世界

《你好，妈妈》第二季应该是 12 期，但我顶着各种压力把总共 4 期的抗疫特辑做完后，项目还是停滞了。疫情之下，采访嘉宾不能出来，场地不开放，广告客户的态度也变成了观望。

但是，作为一个内容人，电视节目只是其中一种表现形式，除此之外，还有更多，有的传统，有的时髦，只要你有思考，有观察，追求意义感，有影响别人的愿望，吃得了苦，总能继续创作和生产。而且在充分协作的互联网时代，让"一个篱笆三个桩"的老话又有了新的内涵。任何内容产品都是一个团队智慧的结晶，合作者的增加，不是简单的加法，带来的是指数级的改变。

比尔德说，天空黑暗到一定程度，星辰就会熠熠生辉。

5 年没有交集的出版人卢俊，突然在我的一条朋友圈下艾特我："李老师，还有出书的想法吗？"就是这一句问话，打开了我们精诚合作的新事业，让我们成了彼此人生的合伙人。啰唆一句，看到"人生合伙人"，你难免会以为这代表了亲密关系，并非如此。和一个非血缘关系的人达成深度合作、彼此交付，除了婚姻爱情，还有更多的形式，友谊、事业等都可以使人和人之间达成深度共生。这也是我在年轻时无法理解的。

央视工作期间，有出版社多次邀请我出一本书，要么讲我的职业经历，要么是我的采访录合集。像 2003 年去珠峰直播之前就有出版社提前约稿，我也写了几万字，最终还是烂尾。因为我始终觉得，如果写我的职业经历，价值不大，如果是节目采访的合集，那观众还是看节目更好。一本书，白纸黑字地问世，总要给人一些经得住时间检验的思考，总要为时代做些记录。进入家庭教育领域以来，写一本亲子相关的书，契合了我对写书的要求。

曾经有几家颇具实力的出版社联系我，约我写亲子教育类的书，我很有兴致地和他们谈了我的想法，但他们的提案方向大多偏向实操，回答像"孩子不吃饭怎么办，孩子不听话怎么办，孩子拖延怎么办，如何刺激孩子大脑发育"之类的具体问题。这些问题非常具体，海量的图书给出不同的答案，有的帮到了父母们，有的却衍生出更深的焦虑。我知道这种按照读者需求进行创作的方式是大多数编辑热衷的工作逻辑，也是"好卖"的保证。但我一直没有接受这个策划方向，因为我觉得市场上同类型的书已经过剩，也因为我看了大量这类书之后，觉得养孩子不是制作标准件，越具体的方法越可能在执行时带来亲子双方的矛盾和困扰。从我自身经验来讲，在作为母亲的成长中，让我最受益的是关于养育本身的底层逻辑，也就是所谓的"心法"，我想，我能把它带给更多的人。但我也特别清醒地知道，越是这种较劲儿的书，越是不能单靠我自己。我需要专业的策划、出版人，最重要的是在充分理解尊重我的同时，还能让书"好卖"。内容产品要叫好又叫座，难，但必须追求。

这次，卢俊这一句"还有出书的想法吗"，再次点燃了我。

虽说卢俊在中信出版集团工作的时候，我们并没有做成一本书，但这一次我知道，我和当时不一样，他也不一样了。5 年后的卢俊已经从中信出版集团辞职创业，他和合伙人姜喆在一起创业已经 3 年多，他们在 2019 年转战家庭教育 IP 孵化，短视频、图书、课程，多管齐下，用这套整合社交媒体和数字化新产品的新玩法打造了很多优质家庭教育产品，其中有好几本书登上畅销书排行榜，成为家教图书领域新风潮的引领者，市场占有率迅速飙升到榜首。因此，我心中暗自断定，这背后一定有某些力量的神秘加持。

这个神秘的力量恰恰在这个时候约了我见面。见面前，我既期待又忐忑，我想，如果这一次还是不能对我要写的书达成共识并付诸行动的话，我的书是不是就一直难产下去了。所以这次见面对我来讲至关重要，但我当时并不知道究竟重要到什么程度。

2019 年初秋的一个下午，我把卢俊和姜喆约到了我家附近的西餐厅，选了室外太阳伞下的位置，我喝着一杯冰凉的无酒精莫吉托，这时就见风格清新又商务的一男一女从远处走来，欢快地向我招手。一个是 5 年后第二次见面的卢俊，一个是初次见面的姜喆。姜喆辞职创业前是中国妇女出版社的副社长、亲子家教出版领域的实力人物，在我们后来的事业中，她的理性、清醒、公允，起到了至关重要的作用。

一开场我就对着卢俊抱怨为什么之前把我的项目推给了别人，对我置之不理、不重视。他向我解释，他说当时自己已经不在一线负责项目，给我介绍的编辑也是中信出版集团的优秀编辑，只是策划存在着路径依赖。"我写不了家教实操方法那样的书。"我坦白交代。

"你不需要写那些，你也不可能成为那样的作者。"果然，创业状态下的卢俊也更加亲力亲为地思考产品了，对我来说，真是来得早不如来得巧。"你是记者出身，"他接着说，"你有强大的社会观察和田野调查的能力。你恰恰应该把你在宏大时代背景下对教育的冷静观察和反思写下来，把改革开放 40 年来中国教育的重大变迁给社会带来的巨大影响写下来，这是你非常重要的特点，也是你最擅长的地方，我们应该把这个长处用好，不能因为好卖，就把你的长处直接阉割掉。与此同时，我们又不能陷在宏大叙事中，因为教育是与人紧密相关的日常小事，且特别重要，所以即使是按照普利策非虚构写作的铁律来看，也应该在写作中从小切口进入，绝不要放弃对每一个你采访过的、观察过的个体生命的关切，一定要以小见大地把那些你认为有价值的观念，举重若轻地藏在一个个精彩的故事中去。我相信你的故事足够多，观点也足够好。根据我对你的了解，我希望你在这本书里融入心理学、脑科学和神经科学知识。只有把科学和人文的东西精妙地结合起来，这样的作品才符合我理想中的李小萌。你不需要和那些家教方法书竞争，做好你自己就够了。"

我为什么至今还能如此清晰地记得他的话？因为，面对一个比

你好，我们

你自己还了解你，同时对你有更高期待的人，你只能感叹命运的垂青。他的话一下就戳中了我，也许这就是传说中的神秘力量吧。赴约之前，我总是模糊地感觉应该写区别于育儿技巧的更底层的东西，但具体方向始终没有想清楚，现在就仿佛一个在幽暗的通道里踽踽独行的人一下子见到了光。我做社会新闻和深度调查 20 年，辞职复出后的几年里又一直从事跟教育相关的电视采访，这二者的结合，不正是我一直想做也一直在做的吗？写书只是另一种形式的内容输出，完全可以一脉相承啊。我还是那个不知道自己要什么的人，就连自己最擅长的东西都需要他人来提醒我。

的确，我不仅想让每一个孩子被善待，也希望父母们被看见、被抚慰、被支持；我不仅想聚焦一个个感人至深的个体故事，也想记录、理解和表达这个复杂且宏大的时代背景；我不仅想探究中国教育观的变迁，也想分享全球范围内基于心理学、脑科学、神经科学等学科发展出来的儿童教育新知。人类的经验固然是可贵的，但是如果一味地依赖经验，不去思考经验的合理性，就会陷在过去的困境中。据我所知，自 20 世纪末以来，心理学、脑科学和神经科学方面的进展，已经在很多观念上对传统经验发起了挑战，许多所谓的经典教育大师的观念都被推翻。所以，市场上的确越来越需要这种以全新科学理念为基础，同时带有独特的人文视角的亲子教育书。卢俊描述的这个方向，既有我熟悉的、能驾驭的领域，也有我想要努力探索的部分。我曾经被好的想法和创意鼓舞，又被现实一次次击退，但这一次真的跃跃欲试了。

然后，我问了一个特别具体的问题："你们怎么判断我的内容足够成为一本书，不管是篇幅还是品质？"姜喆，我常说她像一款巧克力的广告语"小身材，大味道"，精致小巧的身体里，住着一颗强大的灵魂。她看出我的难处，稳稳地说："小萌姐，没事儿，您回去把自己想表达的关于亲子教育的独特观念写出一个清单，剩下的事交给我们。"

交给你们？虽说不明就里，但我被她这种胸有成竹的感觉吸引了。第一次见面，就谈到这里，分开的时候，已是傍晚时分。我没有问任何关于合同、版税、销售的问题，一方面是我相信他们的专业度，一方面是遇到这样"交浅言深"的合作伙伴，我必须让他们知道我值得他们的专业度。

几小时后，我脑海里梳理着养育女儿8年、制作节目3年来的所学、所思、所感，把每个观点变成一个标题，像流水账一样写了下来，写完一数，竟有40条之多。紧接着我就把这个看起来非常朴素的内容基础发给了他们。"够了！"姜喆在群里回复我。我说："这可就是个流水账。"她说："其实您写的逻辑很清楚，就是从孩子到母亲、父亲、家庭，再到学校、社会。"我说："还真的，我自己都没看出来。"她说："这就是我们的专业呀。"后来，在这个基础上，我们确定了一个同心圆结构，以孩子为中心，从孩子的自我开始，到母亲、父亲、家庭、学校，最后到社会，一圈一圈地扩大，清晰地涵盖了孩子的自我关系、亲子关系以及社会关系，不仅用"儿童友好"的整体观念作为全书的思想统领，而且从内到外完全符合发展心理学的基本框架。全书通过这几个"环环相扣的圆"描绘了一个完整的儿童友好社会网络，既细微，又宏大。

接触了不同出版社的不同编辑，却迟迟推进不下去是有原因的。因为之前根本没有碰到这样的编辑，或者碰到了也是擦肩而过。而跟卢俊和姜喆的合作，无论在哪个角度都那么一拍即合，沟通起来毫不费劲、不拧巴。他们对书的整体创意提案，简直就是为我量身定做的，既符合我的思路、气质，也在我的能力范围内。顺着我的访谈节目《你好，爸爸》《你好，妈妈》，他们笑着说，爸爸妈妈都有了，这本书就叫《你好，小孩》吧，既是给"你好系列"的完美闭环，也与儿童友好的主题十分契合。书名就这么愉快地定了下来。

有了大方向，也有了清晰的框架，我脑袋里很多想表达的东西突然有了抓手，呼之欲出。虽然我从来没写过一本真正的书，大学毕业后也没写过 5 万字以上的论文，但是那时候我心里莫名就有一股劲儿，觉得可以开始了。

心心念念的处女作就这样正式开始了。我知道的是，我需要一部合格的处女作来对我的思考做一个阶段性梳理；我不知道的是，一本书可以是一个价值路由器，可以连接那么多人、激发那么有趣的事。

后来很长一段时间我都以为，遇到了对的人，只是我运气好。但是在长期的内容创作合作中，我越来越发现，和卢俊、姜喆的合作，真的已经超越了作者与策划、编辑合作的范畴。我们赋予彼此"神秘"的力量，一同打开了一个全新的世界。

任何内容产品都是一个团队智慧的结晶，合作者的增加，不是简单的加法，带来的是指数级的改变。

重新认识表达：
把表达变成影响力

你可能听过这样一则故事：一位富翁在沙滩度假，见到一位晒太阳的渔夫，富翁问："你怎么不去捕鱼？"渔夫说："我今天已经去捕过鱼了。"富翁又问："可是天还早，你应该多捕一些鱼，这样就可以多赚些钱。"渔夫说："要那么多钱有什么用呢？"富翁说："有了钱，你就能和我一样悠闲地在沙滩上散步、晒太阳了啊。"渔夫回答："你看，我现在不是已经躺在沙滩上晒太阳了吗？"

谁说的更有道理？在渔夫眼里，鱼就是鱼；在富翁眼里，鱼是钱，是更多的可能性。这就好像我们对表达力、影响力的态度。你可以把自己的影响力维持在最低，让自己的自媒体平台荒废或仅限娱乐吃瓜，你也可以把影响力看成可以给你带来更多可能性的鱼，把自媒体平台看作是养"鱼"的理想之地。

自媒体时代，一个人或一家公司的影响力与收入之间的关系是正相关的。影响力越大，收入越高。一个人不可能赚到认知之外的钱。

《你好，小孩》出版后，我的影响力肉眼可见地提升，人们渐渐把我身上的标签从"央视主持人"换成了"教育研究者""畅销书作家"。人民网《两会夜话》、中国婚姻家庭心理健康高峰论坛、中国教育三十人论坛、芒果 TV《披荆斩棘的哥哥》点评嘉宾、教育部门或名校的家长社群等活动的邀请，都不再是主持人工作，而是需要我以亲子教育专家身份输出观点。

你可能会说，这些活动的影响力和传播范围和央视没法比。是的，央视节目，只要播出，就是千万级的观看，这些活动能有十几万、几十万在线观看量已经十分优秀。但别忘了，主持人的工作是拿出场费，是一个人的营生，我现在是在创业，我在搭建商业模式，我需要一个主题明确的赛道，我需要一个独立的新身份。罗振宇说："我们定义的创业者，不仅仅是指那些拥有一家公司的人，只要他试图提升自己的认知，和更多的人达成协作，做一件前所未有的事，他在我们的眼里，就是一个创业者。"

表达力的训练，人人都需要，不管是文字、图片、声音、视频，也不管是微信、微博、抖音、头条、知乎、小红书、B站，表达力影响着我们的内容有没有人阅读、观看，直接关系着我们在一个平台的影响力，影响力则关系到变现力。对我来讲，《你好，小孩》虽说和自媒体相比是古老而传统的内容输出形式，却是我领会自主表达的真正开始。

《你好，小孩》得到的评价大多是关于养育的，很少有人评论我的写作。倒是我的老同事、《今日说法》《道德观察》的主持人路一鸣，看了我的书跟我说："我觉得你前面写得不自信，老是从别的专家观点里找支持，写到后面才好了。"我当时特别吃惊："哇，你也读出来了吗？我以为只有我自己有这种感觉！"

《你好，小孩》是我正儿八经写的第一本书，我对写作的敬畏让我下笔非常谨慎。在写前 1/3 的时候，我手边永远放着高高一摞之前读过的相关主题的书，每本书都有复杂的标记。书写过程中，几乎每提出一个观点，我都要从这些书里找到理论支撑或实验印证，查找具体的人名，引用确切的表述，要告诉读者"我可不是乱说，这些是有科学依据的"——弗洛伊德、鲍尔比、温尼科特、萨提亚、蒙台梭利……而我自己的声音就如同飘在这些理论背后的一段弱弱的旁白，自己的故事或经历也都是作为论据来佐证大师的理论。

我写得很严肃，也很耗费精力，因为总要写写停停。查资料不光花时间，而且会打断我的思路。写着写着，提到某个观点，我就不得不停下来查证、确认、记录，之后要恢复思路、重新找回刚才的表达状态，又不得不花一段时间。所以，那段时间，我进展缓慢，成了重度拖延症。

其实这种写作是非常传统的非虚构写作方式，不能算不对。只是按照这样写下去，卢俊设想的一个具体又充沛、宏大又细微的李小萌和她的"教育观察世界"，根本无法举重若轻地实现，只能是中规中矩、按部就班地做了一次教育观念的盘点和梳理。

事实上，书是有生命的，它会在冥冥之中按照更复杂的路径演化成自己命中注定的样子。有天晚上，我在自己房间的书桌前赶书稿，女儿跑到我的床上来，她说最喜欢听着我敲击键盘的声音入睡。这么可人的女儿，我怎能拒绝她。灯光温暖，世界清净。女儿很快在灯光的阴影里睡着了。或许是女儿带来的灵气，或许是因为心里涌动着对她的浓浓爱意，或许是这本书的灵魂终于归位，那晚的文字似乎异常听话，噼里啪啦、流畅丝滑地从键盘上涌出来，之前因为需要查资料、思考、架构的阻塞感被完全抛诸脑后。关上电脑我才反应过来：那个敢于书写的李小萌，在大师们背后偷偷观察了很久，终于勇敢地站在了台前。我也才反应过来，自己那么多年没有写书，不是不想赚钱，也不是不想表达，而是太多的桎梏把自己掩埋了起来。

掩卷沉吟，我跟自己说，这可是我的书啊！这可是我的地盘，我不做主谁做主？如果说一本书是一间空空的房间，那作者就是房间的主人，负责往里面摆放各种物件，本来就应该我想怎么摆就怎么摆。我内心假想出来的评判者对我的评判压力，让我每每谋篇布局时都要反复思量斟酌。明明是作者，却好像是个严肃的编导在时刻给自己审片，导致我跟自己的文字形成了克制、理性甚至疏离的关系。

过去 20 年的电视新闻经历要求我必须把"我"藏起来，藏在事实和别人的观点中。新闻是公共表达，要求客观、公正、平衡、洗练，要时刻警惕自己的主观立场和感受。何况，我对这些条条框框曾经那么熟悉，强大的肌肉记忆不容易抹去。所以写作初期，我仍然带着这种惯性来书写。

新闻语言强调简练，形容词、副词统统拿掉，多用动词和名词，只注重干货和事实，无论是介绍一个场景还是描述一个事件，基本都是使用最平实、有节奏感的方式，尽量减弱情绪渲染。好在

你好，我们

在视频中，就算语言克制，我的面部表情、肢体语言、服装风格、背景画面等都传递了丰富的信息。但切换到单纯的文字表达，所有信息都要靠你的字句去呈现，如果沿用新闻语言的风格，读起来就会干巴巴的，三言两语就说完了。

我有个前同事，也是我交往深度远大于交往密度的好朋友——杨云苏，她是非常资深的纪录片导演，和我同龄，辞职后去了成都。碰巧在我正式提笔写书前，她在成都开办了一个三天的写作营。我因为项目停滞就专门跑去成都，一是看看她叙叙旧，二是认认真真上她的写作课。杨云苏还有个笔名"故园风雨前"，她那本没有任何"实用性"的《幸得诸君慰平生》，被读者喜欢得不行，有人说连书名都美得那么治愈，有人说如此难得的悠哉，令人艳羡。有一段文字关于她："故园风雨前，70后。躯体借寓在上世纪末的老楼里，精神好像也沉迷于寂静狭小的一偏。世界变化那么急却不大理会它，作为活人有点儿失职。又绝不淡泊，物质非物质的惦记着太多。但所有欲望归纳下来，无非爱草木，恨流年。"所以你也品出来了，她就是那种有趣的灵魂，是乏味和沉重的天敌。我隐隐觉得她手里有我欠缺的一个"狠活儿"。

写作班开在一个书店里，2020年初，疫情正在酝酿，有同学因害怕感染而缺席，但仍然坐了满满一屋子，大多数人的年纪都很轻。杨老师上课，必须符合她有趣的灵魂，不会念PPT，更没有俗话套话。整个课堂上，她的大脑是最辛苦的，有很多临场的思考、即时的语言、敏锐的觉察、精练的总结。

当她给学生放映电影《入殓师》的幽默片段而学生没什么笑

声时，她说："这段我都笑死了，你们怎么不笑，是不敢笑吗？请尊重自己的感受，不要忽视它、否定它，不要觉得自己的感受不重要。"

当学生的课堂练习写得缺乏营养时，她又会说："你知道为什么吗？因为，你就是没有思想。如果你都不知道自己没有思想，那就太可怕了。而且，我保证你从今天起，就会开始逐渐有思想。为什么？因为我点破了你。"

尊重感受，知道无知，真是很好的人文启蒙。

她也会带着学员做一个个非常有趣的随堂练习。我所需要的"狠活儿"就在这次练习中。

她问："假如你走在路上，突然下雨了，会发生什么？"

学员答："我就开始跑。"

她问："还有吗？"

学员答："我头被淋湿了。"

她问："还有哪儿被淋湿了？"

学员答："鼻尖上也是水。"

她问："雨是凉的还是温的？"

学员答："那天天热，感觉雨水都不凉。"

她还能问："你跑的时候，溅起水花了吗？"

……

就这样，在她一连串的提问后，原本一句话概括的场景，就这样抽丝剥茧地扩充成了细腻、饱满、充沛的画面，极其生动新鲜。

穷尽大脑里最后一幅画面、最后一个字眼、最后一丝感觉去写作，真是很好的写作启蒙。

我知道，写作最大的价值是思考和观点，写作技巧并不是最关键的，但这样的作者必须在本行业就是牛人，说什么、怎么说，都会有人读。但如果是普通作者，又是我这样的菜鸟，也毫无洞察细节的能力，或许就可以放弃写作，因为很可能会没人看。无论在什么技巧维度上，我们作为写作者，要做的无非就是把握一个平衡点。所以，我在想，当我在书写故事或感受时，完全可以运用这种自我追问技巧。比如，写到我和女儿发生矛盾、吵架，那一刻我的心情是怎样的？女儿有哪些小动作、小表情？我的情绪是焦虑还是担忧，哪个更准确？窗外有没有风？屋里是什么气味？……

当我开始注重细节、深入感受，我的文字改变了。我不再纠结于所谓的理论、出处，更突出自己的理解。我和我写下的内容，不再"它是它、我是我"，而是渐入佳境地水乳交融了起来，字里行间都带着我个人的情绪和温度，这种表达也帮助我更自然、更自信地展现我的立场和价值观。慢慢地，我进入了顺畅的写作状态，经常能体会到那种沉浸其中的忘我的"心流"状态。无论是非虚构还是虚构写作，描述性语言的配比最好要达到30%~40%，也就是细节、场景、心理等描写需要一定程度的增加，把信息的丰富度提高，让阅读体验顺畅起来，读起来才会更舒服，表达也会变得真正有影响力。

书写到后半部分时，我跟负责具体跟进的编辑门沙沙说："我觉得自己越写越自信，也越会写、越敢写了。我干脆把前边的推翻重写吧。"她听完淡淡地说："姐姐，有这个劲头，咱还是直接写第二本吧。"

　　就这样，半年多的时间里，我在无数的地点沉浸于书写的愉悦中，在书房、在餐厅、在酒吧、在书店、在女儿甜蜜的酣睡里……我都在分享我内心的礼物。当我把 15 万字的书稿提交给编辑时，内心是充盈和饱满的感觉，也是一次前所未有的新生，身体和头脑中溢出的那些文字，以不同的秩序重新塑造出一个全新的李小萌。以前就听别人说，当你写过一本书或是一篇长文，你表达的逻辑性、严谨性、丰富性以及你的自信程度，都会得到大幅提升。书的内容也许见仁见智，重要的是，写作是一种无法替代的思维训练。写作过程中，你是在用文字思考，拨去迷雾，抓住那些稍纵即逝的灵感，磨砺自己的感知能力。在表达变得更轻易的时代，慎重的表达是稀缺的，而这些技能的训练为我以后更有效、更有逻辑地表达奠定了基石，这也就是我们常说的把表达变成影响力。

一 小萌说

如果说一本书是一间空空的房间，那作者就是房间的主人，负责往里面摆放各种物件，本来就应该我想怎么摆就怎么摆。

书的内容也许见仁见智，重要的是，写作是一种无法替代的思维训练。写作过程中，你是在用文字思考，拨去迷雾，抓住那些稍纵即逝的灵感，磨砺自己的感知能力。

刷新协作认知：
做对事，自然会有人走向你

　　如果说写一本书难，那么卖掉一本书更难，尤其在这个注意力快速转移的时代。但对于图书市场来说，这是最坏的时代，也是最好的时代。以前，作者的工作到交稿的环节就基本完成了，也许还会安排一些签售会。现在，作者不仅要签售，还需要录制视频、直播、找比自己更厉害的人推荐。我真的觉得，这一系列动作比写书难得多。

　　在我的书快完稿时，卢俊说："这本书的营销策划要开始了，我们要一起发动朋友圈，来找找这本书的推荐人。你看你都能邀请到谁？"

　　我生平最不会求人，开口之前特别为难，也许依然是"不配得"的心态在作祟。这和我前面说的搭建社会支持系统不一样，那是为了生存，别人的帮助也不需要透支他们自身的资源。而请人推荐我的书这件事有两个非常特殊的属性——商业回报属性和言论观点属性。请别人尤其是知名人士来帮忙推荐我的书，甚至比请他们支持我的纯粹的商业活动更难。如果是商业活动，我可以按照商业价格报价，大家按市场规则看合适与否。但推荐一本书，给钱说不出口，不给钱又无以回报，尤其对于我书中的观点和立场的支持也有一定风险。但是，我知道新手作者的第一本书，就像一个裸体的婴儿，稚嫩、脆弱、不为人知，要想让读者愿意抱走这个婴儿，我着实要给她打扮一下，至少要洗干净，穿好遮羞保暖的衣服。其中就包括邀请推荐人为这本书背书，虽然不情愿，我也得做，为了我的"孩子"。

我对我的推荐人有多感激，他们并不很知道。也许你会说，不就是推荐一本书，至于吗？那你知道那些真正具有知识影响力的人在想什么吗？《反脆弱》这本书里说过，名人、名气，是非常脆弱的，他们经过艰难的努力和被筛选才拥有今天的荣誉和社会尊重，他们会更加审慎地看待为他人背书的行为，对自己的一言一行、一字一句都有严格的要求。更何况，现在"黑天鹅"满天飞，不知道谁哪天会翻车，一不小心，"背书"变成"背锅"，谁也受不了。

你能想象当我把邀请信息一条条发出去等待回信时是什么状态吗？四个字：手心冒汗。要做到不以物喜、不以己悲，我的修炼还差得远。然而很快，一条条感人至深的回复显示在我的手机上，没有一个人拒绝我。也许，对善于和他人连接的人来说，这不是什么了不得的事，但对于我，这是一个难得的起点，更是对我敢于向世界发出信号的极大鼓励。从那一次开始，我知道，只要你做的事是对的，总会有人走向你。

受邀名单大致分为几类：我的老同事们、新闻出版界、教育界、心理学界、企业界、演艺界，最后推荐人名单很长，封底承载不下，我们不得不在书的最后加了三页，把推荐人的话全部放了进去，每每翻阅，都感动不已。操刀过很多畅销书的卢俊说，他做书这么多年，国内作者的书从来没有一本书能有如此豪华的推荐阵容。

印象最深的是邀请白岩松，在我辞职之前，我就很少见到他了，算起来至少也有 8 年了，中间没有一丝联系，我这人真是不可救药的君子之交淡如水。我和他最密切的一段合作是在 2013 年前后的《新闻 1+1》，一档直播的新闻评论节目。疫情期间，白岩松几个重量级的采访我都看了，可以感受到他在力所能及的范围内提出疑问、寻找答案、抚慰人心。当年我们的合作模式是，我是主持人，他是评论员，我问，他答。他给我的评价，我记得的有两个，一是我不像处女座，言下之意是我不作、不矫情；二是我实际上比我表达出来的有思想。至今想来我还是会苦笑。这一次，我写书了，正经地表达了，我想请岩松给我鉴定，如果可能的话帮我写个序。岩松不用任何社交媒体，没有邮箱，没有微信，联系方式只有一个电话。我打了半天腹稿，想打个电话给他，最后还是只敢给他发去一条短信。

没想到很快就收到了回复："姑娘，书寄来吧。"其实，他比我大不了几岁。那时候纸质书还没有付印，只有电子文件，于是我们就以最快的速度印制假书寄给他。

几天后，他发来了短信说，他早就不写序了，但我这本书，他可以帮我写推荐语。

这本书记录着两个人的成长，一个是女儿，一个是母亲。母亲成长的标志是字里行间"善待孩子"四个字，在书中，这四个字不仅是理念，还是可以供人借鉴的方法。其实，善待孩子，该成为整个社会的共识，孩子一直没什么问题，有问题的是父母，父母不成长，孩子不会真正地朝我们期待的方向走去，父母能力的提升已是当前中国的大课题！所以，这本书更准确的名字或许应该叫《你好，父母》。

——白岩松

　　读过他的推荐语就会知道，他是好好读了我的书的，不是因为我的书有多好看，而是他要对自己写的每一个字负责。对这样的人，你永远可以相信他的严谨和认真，说简单点儿，就是可以相信他的人品。

　　和岩松的推荐语一样，其他所有推荐人都让我看到了他们对思考和写作的尊重，也看到了这么多人对教育的共同期许。这也恰恰是《你好，小孩》这本书同心圆结构的最外一层：社会对儿童的友好和善意养育。他们不仅勉为其难地提携了我这个新作者，而且还用自己的行动对"儿童友好"做出了身体力行的支持。我知道自己还很弱小，需要更多人的帮忙才有可能让更多读者相信这本书值得一读；另一方面，我也深知，只有把自己深深嵌入更高效的协作系统中去，才有机会把"对的事"做对。

　　邀请推荐人这一关算是过去了，我刚要松口气，卢俊又说了，这本书想要真正能够卖起来，可能还有一个关键人：樊登。樊登读书 App 在读者中的影响力有目共睹，如果这本书能得到他的推荐，那么最终的推广效果就可以放心了。

卢俊跟我，既相似又互补。在表达风格上，他接近女性，我接近男性，我们就相对平衡了；在做事风格上，我比较谨慎，也不那么进取，但他没有那么多顾虑，"干就完了"常挂在嘴边，不怕求人，不怕被拒绝，不怕穷尽一切办法。所以请樊登帮忙这件事，我只能听他的。

樊登比我小三岁，在央视的时候我们并没有交集，也没有联系方式。写到这儿我自己都笑了，你肯定在说："李小萌，你可真能浪费资源，能做到今天的样子，真是走运了。"我和樊登搭上线是在昆仑学堂，一个我唯一上过的商学院，创办人是孙陶然。那天，樊登是讲课老师，他从容地站在课堂里，抱着话筒，足足讲了三个小时，没有 PPT，没有任何辅助手段，却是一个完完整整的商业演讲，有结构、有观点、有案例、有引用、有梗，真是令我叹为观止。午餐时，我作为学生代表被叫进包间和明星老师一起吃饭，看着我和樊登两个老同事当场交换微信，老师们都惊讶了。我说我有本书想请樊登看看，樊登一口答应说："没问题，听说你在创业，你也可以和我说说。"

几天后，他和我约着见面。面对特别明白、特别清醒的人，最好的办法就是真实。樊登辞职创业 10 年，在阅读领域已经是无出其右的顶级推广人，自己也是高产作者。他把阅读变成了一个超级协作系统，也成就了自己的社会影响力。我呢，一本新书写得战战兢兢，还在生存线上挣扎，如果我故作卑微或故作矜持，他都能一眼看破。还是做自己吧。

记得是冬天，我穿了一件墨绿色羊绒大衣，他是帽衫、夹克、牛仔裤。酒店的大堂不明亮也不温暖，我始终穿着大衣。樊登先到的，坐在那里安静地读书。我后来发现无论什么时候见他，他都书不离手，基本不怎么看手机。沉浸在阅读里的樊登，和我们平时在视频里看到的侃侃而谈的樊登完全不同，也轻易不会显现出当年国际大专辩论赛最佳辩手的锐气，他私下里话不多，有点儿像一个随时可以入定的大师，书就是他的禅。

我坐下来，把样书递到他手上，他低头翻着，问我书名为什么叫《你好，小孩》。樊登阅读和推荐过很多中西方出色的教育作品，他对书已经会相面了。在他以往推荐的爆款教育类书籍中，像《正面管教》《非暴力沟通》等，都是给出口号性观点的，传播度高，易记易上口。所以，樊登显然觉得《你好，小孩》这个名字并没有明确地表达作者的观点和立场，没有成功相。

我像答辩一样讲起了我的处女作，直到我讲到"儿童友好型社会"时，他来了精神，觉得这个主题很好，不仅好，而且应该呼吁社会各界站到一起，重新讨论如何应对当下教育的困境，"儿童友好"应该是一个声势浩大的社会活动。然后他又说："光是儿童友好还是不够有锐度，你可以用'善意养育'这四个字，你看'正面管教'不也是四个字吗，不是很成功吗？"听完他的分析，我心想，我这一本小书哪可能掀起大讨论，哪可能和《正面管教》相提并论。但他对图书产品的经验和判断让我在书名这个问题上确实犹豫了。回去后，我和策划人一起商量，经过斟酌，我们还是保留了

　　　　　　　　　　　　　　你好，我们

《你好，小孩》的主书名，把副书名定为了"李小萌儿童友好善意养育指南"。我敝帚自珍地希望我在亲子教育方面的作品有品牌上的连续性，能和《你好，爸爸》《你好，妈妈》有连贯性和整体感。事实上，迄今为止，"你好"系列已经成为和我绑在一起的标签了。

后来，樊登不仅慷慨地给我的书写了推荐序，而且还邀请我上他的《作者光临》对谈节目，这是樊登读书 App 年度 52 本书的重要组成部分。应该说，这期节目是《你好，小孩》推广中的一个重要节点，它带来的辐射效应非常大，很多人即便没有读过《你好，小孩》原书，但了解它，知道我在做亲子教育，或者认可我在儿童养育方面的理念。那些因为这次对谈节目而认出我、主动向我打招呼的陌生人，让我看到樊登读书非同一般的影响力。

访谈节目，对我来讲再熟悉不过，我做过的电视采访不计其数。但也恰恰因为太熟悉，所以我没办法成为一个没有包袱的受访者。同时，这次访谈也是我第一次以作者身份，带着自己的第一部作品来接受读者的审视和评判。当时书还没有正式上市，虽然专家给出了一些好评，但是读者对我的想法和主张究竟会如何反馈，我心里没底，杂念很多，担心表现不好怎么办？接不住话怎么办？显得不专业怎么办？显得过于自夸怎么办？……

其实大多数人面对公共表达都难免会有各种顾虑或杂念，朋友有类似问题会来咨询我。一般我会这样给别人做心理建设：玛氏箭牌中国区人力资源副总裁刘红是我的好朋友，在人力资源管理方面有着优秀的表现和丰富的经验，她受脱不花之邀去得到 App 做直播分享。去之前，她问我有什么要注意的。我说："他们感兴趣的一定都是你手拿把攥的东西，你风趣、有料、笃定、自信、会配合又不被牵着鼻子走，这些你都完全没问题。那么，除了配合对方需要、满足对方需求之外，你也可以想一下自己期待通过这次曝光有哪些获益，根据期待在谈话里埋下钩子。"我紧接着又说："需要注意的是，别看我说了一大堆，等到真的在镜头前落座，开始和主持人对话的时候，就不需要刻意地完成那个既定目标了，你只需要享受谈话的乐趣，观察自己内在的变化，投入其中，就够了。"

以前说别人，现在轮到自己了，我也不能含糊。在《作者光临》的现场，开始我还会意识到"我"，没法聚焦谈话，说话也词不达意。随着谈话的展开，樊登松弛的态度，"我"渐渐隐去，杂念也随"我"而去，我和樊登真的就家庭养育这个话题讨论了起来，纯粹地分享这些年我在教育方面获得的自我成长和心得。到后来，我几乎忘了自己是来宣传书的，都没怎么提到我的书。我能看得出在旁边陪伴的卢俊和姜喆的无可奈何。

倒是樊登有经验，随机问出了这本书中的灵魂问题："你书里讲的'六十分妈妈'是什么意思？"

之所以说是灵魂问题，是因为后来读者的阅读反馈证明，"只做六十分妈妈"那一节打动了很多人。这个概念是温尼科特提出来的，即"good-enough-mother"，但很早以前这个理论在国内被翻译成"足够好的妈妈"，甚至是"一百分妈妈"，我不明白这种南辕北辙式的翻译为什么会在出版过程中通过。这句话的正确解释是，做妈妈，够好就行了，为了便于理解，就翻译成六十分妈妈了。这种勘误非常重要，因为这不是一个翻译水平的问题，这种差之毫厘、

　　　　　　　　　　　　你好，我们

谬以千里的错误，会严重误导父母，甚至害了孩子。

"六十分妈妈"，后来成为这期《作者光临》的标题，也是樊登读书公众号文章的标题，文章快速实现 10 万 + 阅读量。截至目前，这期 70 分钟的谈话节目是樊登读书 App 上家庭教育类《作者光临》的排行冠军，播放量高达 2100 多万次。

最让我感动的其实不是这些数据，而是真的有数千万读者参与到我设计的一次儿童友好社会化实验中来。他们所有的关注、收听和阅读，所有的留言和评论都在悄悄呼应和实践着同心圆的最外一环：社会化儿童友好。如今这本书销量将近 20 万册，《你好，小孩》激起的涟漪，引爆了一场上千万人参与的"儿童友好"的社会思潮。每一个给予我无私协助的人，每一个参与其中的人，他们不是在帮我，而是在帮我做的事。

忘记自己，放弃完美主义，让我再一次赢得了意想不到的馈赠。一个善念，一件对的事，让我在人生的转角撞见了奇迹的光芒。

小萌说

只要你做的是对的事，总会有人走向你。

忘记自己，放弃完美主义，你也许就会赢得意想不到的馈赠。

只有把自己深深嵌入更高效的协作系统中去，才有机会把"对的事"做对。

第 6 章

失控与创造

逃离偏见中的自我：
在混乱中建立秩序

万事万物都是在混乱中建立新秩序，在新秩序中积累下一次混乱的成因。

三年时间，我作为出品人做了电视节目《你好，爸爸》《你好，妈妈》（前两季），作为作者出了书《你好，小孩》，也渐渐形成了自己的品牌。这几件事虽说是很努力做出来的，但是它们更像是一个个独立的项目，我内心清楚我需要一个企业化运营的正常公司，我需要自己的团队。那已经是2021年初。逆水行舟，不进则退。我心里萌发了一个更宏大的目标——开始计划做线上线下结合的父母培训课程，把家庭教育这件事继续深入下去。

当我把创业计划跟我的创业导师沟通后，他很赞同，当即表示："你去做，我们投你！"

虽然我对被投资非常谨慎，甚至内心是拒绝的，但是他的认可给了我很大信心。既然这么有经验的商业导师、上市公司的董事长都认为能行，我真应该大干一场。那时候我已经着手做了几大课程模块的研发，也开始尝试线上线下分享，都收到了积极的反馈，家长们喜欢听我说。

有一次，几个做课程产品很有经验的朋友热火朝天地帮我出谋划策，跟我讲怎么卖课、怎么运营私域流量、怎么获客及留存客户、怎么持续转化等实战层面的事务。在这样一个干劲十足的氛围里，我的脑袋里突然闪过一个念头：大家这么费劲地获取流量、转化流量，是要让用户对他们从 0 到 1 形成认知，光是这一步，就耗费大量人力物力。而我自己，不管怎么说，算是个公众人物，总有一些现成的流量，我不应该按常规思路从零起步。人本来已经在半山腰了，何必非得强迫自己回到山脚下重来一遍呢？我为什么要放弃自己天然的流量优势呢？央视 20 年是我的一部分，我没有必要处处拿它当幌子，也没有必要把它和我割裂开。

所以我跟卢俊、姜喆说，抖音短视频做不做？要做就都做！

这个决定对我来说并不容易，当时抖音上遍地都是"小姐姐跳舞"那类视频。身边朋友做的抖音号，也都是走疯疯癫癫或刻意搞笑的路线，实在让我望而却步。而且，在 2020 年 4 月罗永浩官宣直播带货之前，抖音的商业化基础也很薄弱。到 2021 年初，形势已经发生了很大的改变。越来越多的明星、大咖入驻抖音，账号商业变现的模式也越来越清晰。

那年春天，我用一种全新的方式全面拥抱了短视频时代。我到现在都记得新年发布的第一条视频，当时我立下目标："我要最大限度地拥抱这里所有的朋友，和你们一起来呈现生活的各种滋味，分享各种真实的感受。"这一条短视频，点赞量破百万，粉丝量也破了百万！

新世界，好酷！

在此之前，曾有个大 MCN（多频道网络）公司的总监给我建议："小萌，如果有一天你做自媒体，一定要先闭嘴，忘记你所有的职业经验和专业判断，让年轻人去弄，你看不过去也得忍住。等试成了，你再把你的专业意见拿出来逐步优化。"

当时我根本没计划做自媒体，所以没什么感觉。当我真的投身自媒体时，这句话突然就蹦了出来。而且，所有真正有用的话，只有当你体会到它对你的益处之后，你才会真正明白其中的奥义。之前的你虽然也许明白，但是知行未能合一，你的所谓"明白"，只是个假象。

如果用传统媒体的标准，自媒体的视频表达几乎充满了无法忍受的"低级错误"，比如同景别跳剪、跳轴、声音嘈杂、光线弱等等。而在自媒体短视频里，这些根本没人在意，甚至越粗暴越好，反而那些剪辑越干净完美、越像传统电视节目的，观众越不买账。于是，我更加彻底放下了一个传统电视人的执念，乖乖闭嘴，成了能屈能伸的创业者。

每条视频都试好几稿脚本，逐条拍、逐条发，监测各条的数据指标。从内容到商务，在保障品质的前提下不设限地测试，才发现了各种可能性。90 后的同事们都说，感谢我心胸如此开阔，愿意配合他们这样"无厘头"的尝试。

很多人误以为，创业是做个好的商业计划书，然后自上而下地严格执行所谓的战略，其实这才是对创业最大的误解。真正好的创业是自下而上的，这也是《好战略，坏战略》那本书的精髓，甚至可以说，越是移动互联网和大数据时代，越需要这种自下而上的行动逻辑，才能把创业者的全能自恋和不切实际的幻想彻底颠覆，我们才能和失控的时代共舞。凯文·凯利在很多年前的作品《失控》中就反复强调过，一个失控的时代到来了。很多人读了但并没有明白"失控"的真正意思，因为技术的赋能，一切试图掌控的意识，都将失败得体无完肤，一切都变得失控、多变、模糊、不确定、复杂起来。我们只有见招拆招地和这个世界相处，才能在不断变化的不确定中让自己活下来。其实创业不就是试吗？试，才能走出来。

抖音开局不错，春节期间，我组织全家一起直播吃年夜饭，同时上万人在线观看，我的一个朋友说你为了涨粉把全家人动员起来做直播跨年，没有名人架子，真了不起，创业就得有这个精神。春节后我们迎来了一个"闪电式扩张"：3月，从40多万粉丝一跃进入200万+俱乐部。然而从3月下旬到5月底，我们马上陷入了关键瓶颈期，视频数据很普通，商单也是寥寥无几。因为我们确定的方向是亲子教育的垂直领域，但是越垂直，就越小众，流量池总是无法打开。我每天惶惶不安，总觉得没法给公司挣钱，怎么办呢？我们还要不要坚持亲子教育垂直赛道？还是扩大为泛热点内容赛道？我们犹豫不决。但是，我相信，只要肯尝试，就一定能打破困局。

一天在录制过程中，负责做"小萌和她的朋友们"公众号的同事发了一篇文章到群里，是一封妈妈写给儿子的信，她说："这个我觉得特别适合录视频，我都看哭了。"

卢俊也说："的确挺感人，但是有点儿'读者文摘'和'知音'体，你可能未必接受这种完美人设的苦情戏，而且挺长的，你看看再说。"

我知道又是该我"闭嘴"的时候了，我说："既然这样，我也别提前看了，咱就直接开机录，省得我看完了不想录了。咱们不就是要多尝试吗？"

摄影师把灯光调暗，整个画面饱和度更高，显得更深情、更有氛围感。那篇文章题目是《拿什么感谢你，我的儿子》，两千多字，我一口气完成，几度哽咽，强忍泪水，我不喜欢煽情。而且，要让大家哄堂大笑，你不能笑；要让大家泪如雨下，你不能哭。

一条从没有过的 10 分 46 秒的视频录制完成，录制现场一片安静，几个同事在抹眼泪。10 分钟意味着什么？那时候短视频领域的"常识"是，短视频超过一分钟就没人看了。10 分 46 秒，有人看吗？有小伙伴建议分成上中下三集发出，我考虑再三，还是决定一次性发掉，让它保持一气呵成的完整性。实际上，这是个冒险，甚至几乎所有人都觉得一定数据惨淡。

发布当天，数据显示令人惊讶，播放、点赞、转发的数据哗哗地涨。评论区"哭声一片"，我再一次"一哭走红"。单条视频涨粉接近 200 万，到今天，这条视频全网播放量七八个亿，而且全部是自然流量。无数过去的老朋友把这条视频发微信给我，包括远在海外的各种沉寂已久的朋友。我笑着说，我过去 20 多年的工作内容，都不如这条视频的传播效率高。

瓶颈期终于被一条"失控"的视频打开，它成了一种突破和创造，更重要的是，它给了我们巨大的启示，我重新认识和理解了故事的力量。

我一直想要在抖音里改变过去自己身上的惯性，提出了去"四化"：去专业化、去主持人化、去央视化、去名人化。为什么？电视媒体时代都是以表达者为中心，是一种自上到下、播报—推送的逻辑，有什么就播报什么。而到了短视频社交媒体，表达逻辑变成了自下而上、以用户为中心，也就是说，内容生产者会反过来根据用户的需求和声音来创造相应的内容。我把它总结为"新表达和新叙事"。

事实已经反复证明，在新表达的时代就应该遵循新的表达逻辑，从民间、大众中来，找到跟用户一起玩、一起嗨的声音。过去，我经常在视频里发表独树一帜的观点或新知，但反响平平。究其原因，就像《思考，快与慢》这本书里说的，人们的反应系统有两个，一个是"快"系统，即基于本能的情感系统，一个是"慢"系统，即基于理性的思考系统。过去我太想强调我的认知理性了，给用户带来了认知恐慌和负担，只有特别有思考意愿或能力的用户，才会驻足停留，才会关注我。而我对《拿什么感谢你，我的儿子》这类纯叙事类的作品，总存有一些本能的拒绝，我觉得，故事本来就好，还要我干什么，我的意识中也抗拒那种人们习以为常的"煽情"。过去我也一直排斥煽情，总想讲道理，弱化讲故事。但实际上，爱听故事是人的天性，我们从小了解牛顿都是从那个"被苹果砸到脑袋后发现万有引力"的故事开始的，尽管那个故事的真实性存疑，但它有画面、有情节、有意外，让人一听就能记住。它可以调动你的情绪，激发人与人之间的共鸣，拉近讲者与听者的距离，那是一种"干巴巴讲道理"达不到的同频共振。这就是真正的自下而上，而我要挑战规律，难免吃亏。

这一条视频的结果让我意识到，短视频用户还是想看到有极致情感冲突的新故事。我之所以说是新叙事，因为评论里有很多人说"这才是小萌该讲的内容"。我才明白前电视主持人应该具备符合用户期待的地方。他们要的其实是一种既熟悉又陌生的感觉。就像一个公式说的：喜欢＝熟悉＋意外。我刻意想要打破的"壳"，竟然会让用户看到"是那个味儿"。

既然大家喜欢，我为什么要屏蔽这个加分项？如果大家更愿意听我讲故事，那么为什么要排斥它？不得不承认，恰恰是我对着镜头表达的专业功底帮到了我，那么我何必砍掉这个好帮手呢？

卢俊在黑板上给我画了三个圈，他说："我们要实现的新的李小萌、现实中的李小萌，以及用户期待中的李小萌，在这三个李小萌之间找到一个最大的交集。只有这样，我们才能创造一个真正新的李小萌。"实际上，这既是我对过去存量的一种妥协，也是对互联网新表达认识的一种修正。兜兜转转，跌跌撞撞，我们在失控中努力创造着似乎看不清方向的未来。

我试图纠正的，我试图攫取的，我试图企及的一切，变成了一种似乎可以被量化的、以用户为中心的新工作逻辑。但以用户为中心，并不意味着一味地迎合用户，用户爱听什么我就说什么，那样流量是多了，但是没有价值。如果完全按照自己的喜好去表达，用户也未必理会，那还是自说自话，起不到该有的传播效果。我不需要告诉用户你该有怎样的感受，用户会有自己复杂的感受。我也不一定非要总结道理，故事本身就是道理，本身就是带有价值观的。你选择什么样的故事，已经暗含了你在给什么样的东西背书，给什么样的价值点赞，支持什么、反对什么，一目了然。

在新表达的逻辑下，我把自己真正认同的、认为有价值的东西，通过用户喜闻乐见、更愿意接受的方式讲出来，一边遵从商业规则，一边坚守媒体人应有的理性与建设性底线。

后来我们也正是按照这个宗旨来做视频，以一种健康的方式扩大我们社会化媒体的影响力，一直走到现在。

2021年9月，我、卢俊、姜喆在青海出差，临回北京前吃早饭的时候，新闻说，一位拿过菲尔兹奖的世界顶级数学家宣布加入华为。我们觉得，华为每年斥重金聘请各学科的科学家来搞基础科研，是对基础学科的重视和投入，也是很多企业应该借鉴的。我们三个人拿着手机，走出餐厅，身后是巍峨的雪山，高原反应让我的脸浮肿，但就这样拍了一条视频。想不到，这个故事数据依然好，全网达到破亿播放量，甚至超过了我们录制的孟晚舟回国的内容。华为的高层偶然看到这条视频，说内容比他们内部的总结好多了，让他们的公关部找到我，特地邀请我去华为北研中心参观考察和交流，我说要去就公司集体去，就当一次团建。

我在雪山下顶着高原反应录视频的时候，无论如何也想不到这个情节走向。那天，我和全公司的同事都去了，我想让团队每一个人都知道，我们虽然是一家初创企业，但只要坚持做正确的事，发出自己的声音，我们是可以影响他人的。我希望大家在这里工作，除了养家糊口，也能分享到一份荣誉感。

为内容焦虑，为商业和可能性奔波，马不停蹄，这是内容创作者的日常，热点话题本身抢的就是时间，无论是之前做电视媒体还是现在做自媒体都一样。热点来了，要立刻判断做还是不做，如果做，怎么做，而且要毫不犹豫、分秒必争地扑上去。图文时代大家抢一条热点的成本其实是比较低的，文本好就可以了，而现在，一条短视频，看似不起眼，但首先要保证文本过硬，随后的拍摄灯光、角度、声音都有讲究，再进入后期制作，整个下来，一条最快也要用上几个小时。脚本、拍摄、剪辑、上传、发布、维护，每一个环节都偷不了懒。

2022 年冬奥会的时候，媒体焦点几乎都锁定在谷爱凌、苏翊鸣身上，而像范可新、徐梦桃这些寒门走出来的冠军却无人问津，我看了觉得不得劲儿。他们一边是出身精英，人生底色充满了潇洒和自信，一边是出身普通，人生底色充满了苦难、残酷和沧桑；一边是选择多多，一边是背水一战；一边是被整个家庭托起，一边是要托起整个家庭；一边是出道即巅峰，一边是雄关漫道真如铁，哪个更需要大众的支持、关注和力挺呢？当"韭菜盒子"被当成大标题铺天盖地的时候，我们是不是也应该匀一些目光给那些家境贫困、克服重重障碍走出来的运动员，把更多的商业代言、商业机会倾斜给这些平凡人家的孩子？相比于家庭优越的孩子来说，这些举全村、全镇、全市、全省之力培养的冠军，更能给普通人希望。如果流量都向精英子弟倾斜，我们又该如何鼓励普通家庭或者穷苦出身的孩子投入这项事业中去呢？或者说，如何鼓励他们站到奥运赛场乃至人生赛场的起跑线上？

带着一连串的感慨，我发了一条视频，讲述了范可新、周洋、徐梦桃这三个寒门冠军的故事，呼吁媒体给予他们更多的关注和流量。吉利集团董事长李书福偶然看到了这条视频后深感认同，邀请我讲一讲吉利集团热心教育事业的故事。虽然是命题作文，但我们还是从社会大视角去看待三亚学院等吉利教育板块和社会主流思潮的交集，找到社会真正关切的内容，这是我们最核心的底线。

　　一次又一次的经历提醒我，不管你是多小的机构，一定要牢记一点：只要你是做内容的、在公共空间发声的，你就要知道你的声音会被无限放大，你要对自己的每一个表达负责。

　　现在我们不管是做内容编导还是后期技术剪辑的同事，都在用电视台一样的选题例会方式，反复探讨内容以及价值观取舍的问题。我们通过各种维度的技能精进，逐步让擅长讲道理的团队迭代为以讲故事为核心竞争力的团队，每一个岗位上的人都在这个逻辑上行动，我觉得这才是团队该有的成长。

　　事业成长中的一个动荡混沌期，暂时稳定下来。

一　小萌说

万事万物都是在混乱中建立新秩序，在新秩序中积累下一次混乱的成因。

我们只有见招拆招地和这个世界相处，才能在不断变化的不确定中让自己活下来。

不需要告诉用户该有怎样的感受，用户会有自己复杂的感受；也不一定非要总结道理，故事本身就是道理，本身就是带有价值观的。

做有态度的内容，做有温度的商业：
在失控中坚定目标

在搜索引擎中搜"内容"和"商业"二字，总会蹦出"失败""两难""互搏"这样的字眼，似乎内容和商业是相爱相杀的一对恋人，你离不开我，我离不开你，但真走到一起，不仅自己心里有诸多别扭，外人还会指手画脚。

媒体人的能力优势和挑战在哪？从我几个前同事的创业轨迹来看，优势在于内容的创作，挑战在于如何商业化以及商业化过程中的逻辑自洽。

樊登、罗振宇、王凯，分别对应着樊登读书 App、得到 App、凯叔讲故事 App。他们崛起于知识付费时代，分别在读书、终身学习、儿童成长三个领域用自己优质的内容供给，创造了各自的商业世界。他们都有自己的 App，用户量都是 3000 万以上级别的，内容创业人都知道这非常了不起。他们每年的营收从几亿到十几亿不等，这种建构在个人 IP 基础上的内容商业生态，投入和产出巨大，可以持续盈利运营到今天，而且口碑良好，其中付出心力之大难以想象。

我从不会因为有过某些交集就认为自己可以对标他们，我的能力、决心都和他们差得很远，我只能对比着他们去描述一下自己的定位。他们是真正把自己的优质内容做成了用户需要付费购买的产品或服务，而我是知识付费时代的迟到者，我的内容是短促且宽泛的，用户不可能付费购买。我的内容和商业的关系，一方面是建立在短视频生态基础上的，属于更新的商业模式，一方面又比他们更传统，通过优质的无偿内容获取流量，再通过流量实现商业化，这更接近我所熟悉的"节目—广告"模式。

　　举个例子，我在直播神州载人航天发射节目时，编导递纸条进来，上面写着："观众提问，航天员在太空怎么补钙。请主持人告诉观众，航天员每天都会喝一杯牛奶。"我照本宣科说了一次，但导播在我的耳机里又提醒我说了两三次。休息的时候，我埋怨导播，一个这么简单的问题，干吗让我重复好几遍？导播说，你不看看这次直播的赞助商是谁，奶企呀。我说，那也没提品牌，有用吗？导播说，这家奶企在国内市场占有率数一数二，只要大家买牛奶，买这个品牌的机会就足够大。

　　当时我只是一听，后来当我在短视频里为品牌种草时，这个先例帮我达成了逻辑自洽。

　　在电视台工作，大多数的广告口播，我都会拒绝或者耍赖让搭档说，大概是自命清高吧。当然，那时的工作机制决定了我可以只负责"貌美如花"，现在自己创业就必须得操心"赚钱养家"。

　　2018年《你好，爸爸》节目的开播仪式邀请了人民网、新华社、央视网等媒体同行看片、点评。片子播完，一位央视网的小伙子拿过话筒说："小萌姐，您是我们特别尊重的前辈，我们上学时您的作品经常被老师拿来当教材。今天看了您的新作，有一个小细节我看了很难受，能不能以后广告的口播请别人来说，您不适合，或者说和您的形象不符。"

我听了，心里很触动："谢谢你对我的爱护，特别感谢。不过在我口播广告词的时候，我心里是没有一点儿别扭的。因为，如果没有广告客户的真金白银，我拿什么去制作我想做的节目呢？我对它们的回报只有尽力做好节目和认认真真念出它们的名字。"我不是在说客套话，的确是有感而发。

内容制作者、内容、广告客户三者的关系是，内容制作者寻找社会关切的话题、事件、人物，努力做出好的内容；广告客户看到好的内容可以带来好的观众数量，愿意拿钱出来赞助；好的内容又帮助广告被更多观众看到。内容和商业，不应该是相爱相杀的恋人，而应该是界限分明、各司其职的合伙人。

从电视节目制作过渡到视频创业后，我发现基本在复制以前的模式，通过无偿地分享优质内容获得粉丝和播放量，再凭借优秀的内容产出能力和流量获得广告客户的注意和投放，商业的力量又反过来助力优质内容的生产，这是一个良性的合作关系。虽说具体商务上的细节、操作与"节目—广告"模式差别很大，但从逻辑上讲我被说服了。

当然，自己想通了，不代表别人也都能理解，我还是碰到了诸多质疑和挑战。

看到我的短视频播放量那么高，涨粉速度也不慢，有人说我这是在迎合，我会被数据控制。真的是这样吗？

其实，不仅在自媒体、短视频时代，即便是在传统媒体时代，我也见过太多迎合流量而惨遭反噬的先例，流量可以解释为收视率、播放量、点击率、点赞量、转发量、评论量等。我自诩为媒体人，不仅指我是一个主持人、制作人，也意味着我理解媒体的规律、清楚取舍之道，在特别容易随波逐流的领域里，更要把流沙般轻的个体活成磐石般坚韧的存在。

太阳底下无新事。

在逐步走向商业化时，我给公司提出了一个口号：做有态度的内容，做有温度的商业。这条文采平平的口号仅用于公司内部，我想以此提醒小伙伴们树立价值感和方向感，希望他们在商业化过程中能够说服自己，有所为、有所不为。

我们的内容价值基调是顺应大众需求，基于主流价值观形成更多有建设性的共识。我和团队没有因为自己体量小就把自己视为一个小作坊，我们坚持了媒体人内在的责任感。如果说为了用户增长无底线地博眼球的话，那是有很多捷径的，比如说，以宣泄情绪为主的内容，一条短视频就可以涨几十万、上百万的粉丝。但是我们有一个标准，即凡是要讲的内容都要符合公共议题的基本价值需求，并形成积极的社会价值引导。如果我们的内容对公共探讨能够产生价值，那么就去讨论；如果只是在私领域里宣泄情绪，我们就不去蹭热度。

比如东航 MU5735 坠机事件，我看到《冰点》的一篇遇难者家属的自述文章，字里行间感人至深，考虑再三还是觉得这个内容我一定要讲。为什么？

从动机层面，就像我在北川采访灾民的片子《路遇》一样，不管是死难者的经历还是幸存者的讲述，都值得被听见、被看见。同时，如果只知道数字而看不到个体，人们也许会因巨大的恐惧而倍感焦虑，个体的讲述可以把无边际的想象落到现实中，让幸存者懂得珍惜当下。桑塔格在《关于他人的痛苦》里提到，让人们扩大意识，知道我们与别人共享的世界上存在着苦难，这本身就是一种善。一个人若是永远对堕落感到吃惊，见到一些恶意，就感到幻灭（或难以置信），只能说明他在道德上和心理上不是成年人。能看见他人的痛苦，并抱有同情之心，是社会前进的动力。

从现实层面，那位家属清楚地表达了她需要各方长期的、持续性的重视和帮助。另外，经验告诉我，当这种灾难发生后，家属发声是有窗口期的，不能等。

有没有风险？当然有，第一个肉眼可见的风险，就是会被说"吃人血馒头"。"吃人血馒头"，这些年似乎已经成了一个政治正确的流行词，似乎参与报道、讨论灾难性事件，就难免会被贴上这个标签。别说自媒体了，很多官媒都因为采访了死难者家属而被抨击。关于该不该报道，网上吵成了一团。尤其在东航坠机事件中，几乎所有的记者报道都被贴上了这个标签。我做记者的时候参加过很多灾难报道，像汶川地震、玉树地震，以及像科索沃、利比里亚这些维和任务区，我都去现场做过深度报道，我在采访报道中分寸感的把握后来甚至成为新闻专业采访课老师爱讲的案例。所以，我或许有一点儿资格谈谈我对于灾难报道伦理的看法。如果我们只是简单粗暴地把对灾难的报道等同于"吃人血馒头",那真的是新闻报道一个巨大的损失,或者叫"倒退"。

灾难报道中需要注意的是:不干扰救援工作,不破坏救援和信息披露的正常流程,不暴露死难者及其家属隐私,不违背当事人意愿,符合公序良俗,遵循人际交往基本礼仪。

当决定要用我自己的方式跟进东航事件后,我先后发了三条视频,第一条专门讨论灾难报道中的新闻伦理,第二、三条是我念的东航事件遇难者家属的自述。其中一条当天播放量达到1.82亿,后来因为《冰点》提出异议,我们在抖音端把视频隐藏了,但还是被转发得到处都是。

对于东航坠机事件的跟踪,是在别人都不说的时候,我来说。那么对于别人都在说的话题,我又是怎么处理的呢?

2021年底走失的孙卓被找回来后,抖音邀请我参与这个热点话题。当时,几乎所有的账号、博主都在讲"买卖同罪",情绪高涨,每条点赞量都高得出奇。但我选择了另外一个角度,我讲了孙卓为什么一开始并没有回到亲生父母身边,以及孙海洋夫妇如何在充分尊重孩子的前提下赢得了孙卓的心。我从心理层面、家庭关系层面进行了分析,使听熟了相同观点的用户听到了更丰富的细节,有了更多层次的思考。我没有使用明知有效的流量利器。

在电视台工作时,我深度关注过买卖儿童的话题和案件,和法律界人士、办案警察深入交流过,他们认为"买卖同罪"的确有它的威慑力,但是从执行层面上来讲,他们一般并不推崇。因为如果真的实行了"买卖同罪",不仅不能减少儿童买卖,还有可能造成被拐儿童的买家、买家所在的村镇或社区使用更极端的手段去躲避惩罚，从而导致解救失败。有的被拐孩子和养父母有感情，如果他知道去找亲生父母，他的养父母就要进监狱，那么孩子就会背负巨大的心理负担，他可能会因此放弃寻亲，使骨肉团聚难上加难。

在这些问题上，我非常审慎，这种审慎也意味着我放弃了很多追逐热点的机会，但我觉得这是我必须坚持的。我的合伙人说，如果我们追着热点和情绪跑，今天的粉丝量或许翻番，但是承受这种量化的损失，对我们来说，并不可惜。我甚至觉得这是一种"节制的荣耀"。

从无偿分享内容到获取流量，从实现变现到反哺内容，这个过程也很有意思。现在我们整个团队已经基本实现了盈亏平衡，这验证了做有价值的内容和变现之间并不冲突。举个例子，一个顶级洗衣机品牌出了一款新的洗衣机，他们希望我在抖音上做短视频的软代言。其实我并没有生活小能手的人设，但他们觉得我在公众中的印象，以及我对新知识、新技术的解读能力，是他们需要的。据反馈，我们视频发送的当天，该品牌在京东和淘宝的旗舰店店铺浏览量翻了一倍，投放目的得到实现。

这让我受到鼓舞的同时，也带给我启发。无论什么类型的媒体，都必然要在内容和商业上寻求必要的平衡，如果失衡，最终就会走进死胡同。所以我随时跟自己说，保持清醒，保持理性，保持自己内心的生存与正义感的平衡，求得心安。随着时间的推移，我们所崇尚的"做有态度的内容，做有温度的商业"价值观也慢慢地呈现出来。虽然这不是尽头，但是这是底线的确立。

　　不断尝试，坚持做正确的事，我就这样一步步笨拙地往前走着，在濒临失控的一个个节点上，看清方向，坚持定见，在一个流沙遍地的世界里，努力让自己成为磐石。

一 小萌说　内容和商业，不应该是相爱相杀的恋人，而应该是界限分明、各司其职的合伙人。

　　在特别容易随波逐流的领域里，更要把流沙般轻的个体活成磐石般坚韧的存在。

　　保持清醒，保持理性，保持自己内心的生存与正义感的平衡，求得心安。

无须唤醒的良知:
降低选择的沉没成本

　　人生是一连串的选择,所以选择至关重要。弗兰克尔在《活出生命的意义》里说,在困境中,我们在心中不仅要对自己所珍视的价值进行排序,还要建立一个被我们所摒弃的无价值的等级秩序。

　　在我的选择中,有几次比较关键,这些关键选择把今天的我带到我自己面前。

　　第一次是大学毕业时的选择:一边是省级卫视事业编制、分房子,一边是中央电视台临时工。我选择了后者,直到我辞职,因为一直没有编制,辞职手续办起来也比较简单。

　　第二次是工种的选择:一边是中央电视台《半边天》栏目执行制片人,管钱管人;一边是半夜两点起床的新闻主播。我选择了后者。

　　第三次是我说得最多的辞职。

　　本来不觉得这些选择有哪些共性,现在回头再看,我的确是在对自己所珍视的价值和所摒弃的无价值进行排序。每次我都选了相对更难的一条路,没有所谓成熟的算计。在价值排序里,我把"长真本事、历练自己、艰苦但有意义"排在珍视的前几位；把"违背内心、琐碎的人际关系、轻易但无意义"排在摒弃的前几位，有些貌似非常规的选择，后来再看，恰恰降低了沉没成本。

不仅是关键选择，就连一些具体工作的取舍，我也是按照这些原则进行的。

2008 年 5 月 12 日 14 时 28 分 4 秒，汶川地震发生，造成 69227 人遇难、17923 人失踪、374643 人受伤、1993.03 万人失去住所，受灾总人口达到 4625.6 万人。5·12 汶川地震是中华人民共和国成立以来破坏性最强、波及范围最广、灾害损失最重、救灾难度最大的一次地震。

你还记得当时自己在做什么吗？我当时在录制《新闻会客厅》的日常访谈节目，录制地点是世纪坛地下演播室。因为在地下，完全没有震感。等录完节目，铺天盖地都是地震的消息，就连北京也有地方震感强烈，有海外媒体说："半个亚洲跟着晃！"

震后第三天，我正在家里焦虑地转来转去，李伦打来电话问想不想去前线，我说就等他电话，于是他说赶紧去机场，他来订票。从那次起，我就养成一个习惯，家里随时有一个可以拎起来就走的旅行箱。后来玉树地震报道我是接到通知动作最快的人之一。

去往成都的飞机上，我遇到了凤凰卫视的曹景行老师，他是一位老报人，也是去地震一线的。临下机前，他跟空姐要了飞机上剩下的所有真空包装的小面包，足有几十个，他慷慨地分给我一些。看着他这个举动，我知道前面应该是一场硬仗，食物的保障都要靠经验积累了。

飞机在成都降落，我接到了已经在汶川的新闻中心副主任王小真的电话，他是我为数不多的从前台走向管理的播音系师兄。他说："小萌你来啦！来汶川吧，这边的直播车、人员和物资保障都基本齐了，你来了就跟泉灵两人倒班直播吧。"我说："好，知道了领导，我随时跟您汇报我的行程。"

先不说灾区余震不断，缺吃少穿，那个年代的电视直播、采访严重受到设备传输方面的制约，不像现在一部手机就能直播。就算你拍到好的素材，如果传不出去，时效性一过，再好的素材也是垃圾。所以主任说的保障到位是很吸引人的，也是过往我参加大型直播报道的常规方式。正犹豫着，比我先一天到达的编导提供了一个消息，他说，据了解北川羌族自治县的县城受灾特别严重，但几天了，没有什么消息出来。

此时，我们一个拍摄小组，我，编导杨铭军、褚腾，摄影师包奕韬，何去何从，就看我怎么选了。震中在汶川县，所以地震发生两三天来，媒体记者几乎全都扎堆在汶川。那里记者集中、资源集中，有效的新闻信息不会丢，有没有我，没有任何影响。我理解的现场灾难报道，不是记者固定在一个直播点每天定时定点地做两寸照片式的口播就行了，而是要让观众看到现场到底发生了什么、灾情如何、灾民生活有没有保障、存在什么问题，以及让观众的情绪有着落，这都需要到一线观察采访。有效的新闻采访甚至是现代救援的一个组成部分。

想到这儿，我的价值排序起了作用，我说，咱们去北川吧。三个小伙子没有问一个多余的问题，我们就向北川方向出发了。

北川隶属四川绵阳市，我们第一站到达了绵阳，住进酒店，放下行李，再轻车简从驱车向 60 公里外的北川出发。出发时，以为当晚还可以回到绵阳，就只带了拍摄设备。

　　地震造成北川县城周边大量山体滑坡，整个县城像被一只大手捏碎了一样，目之所及，灾情惨烈。民房变平地；五层楼房只剩三、四、五层，一、二层沉入地下；停在街边的桑塔纳被一块滚落的巨石压成一片薄薄的钢板；原本宽宽的河流因为上游塌方断流只见河底碎石……

　　还活着站在这里的人，都是这场巨大灾难的幸存者。幸存者，不仅是当时我作为一个人的自我定位，也是作为一个记者的自我定位。这个定位让我心存悲悯和良知，让我在面临选择时、面对灾民措辞时，都时刻知道，我是谁。

　　灾难性报道充满了风险，不仅是面对余震的生命危险、生存危机，更有现场的各种不确定性，对时机、尺度、切入点的迅速判断，随时考验着做人的底线。情况越是复杂，就越要简单决策。当时，关于去哪儿采访、采什么、怎么采，我的一个主要判断标准就是：符合人道主义标准。在震后灾区行走，给每一个遇到的人关怀、尊重、平视，不管是灾民还是救援人员，不管是本地人还是外来志愿者，不管是普通群众还是领导干部。

　　北川的地理位置、地质结构、地形地貌都给抢险救援带来意想不到的困难。严重的交通堵塞，使我们从第一天来到北川，就再也没有离开。再次回到绵阳的酒店见到我的行李箱、洗漱用品、换洗衣服，已经是半个月后。我和我的报道小组，就和灾民一样靠接济

　　　　　　　　　　　　　　　　　　你好，我们

过了这半个月。

听说抢险救灾的指挥部在县委大院，我一路找过去。县委大院里密密麻麻全是帐篷，我正东张西望，一个声音喊着："小萌，你也来了！"说话的人是武警部队一位负责外联的干部，也是从北京赶到北川参与抢险报道的。在这样的地方能有熟人喊你，你知道心里是什么滋味吗？天降救兵啊！

这个救兵，不仅解决了我们的生存问题，也解决了我们的素材传输问题。第一个晚上，我们四个人被安排在一辆越野车里过夜，我坐在副驾驶位置。5月中旬的北川，夜里还是凉的，我第一次知道塑料雨衣御寒不靠谱，不盖冷，盖就捂出一身汗。一夜的折腾，等于没睡，第二天下午，我困得一头扎进一个行军帐篷，拉开被子就睡。睡梦中，被一群男人带着四川口音的说话声吵醒，原来这是男生帐篷，住了三个文职干部，正好空着一张床。就这样，在这张我抢来的床上，我和衣睡了半个月。我的组员们更逗，他们直接摸进了紧挨现场的最高指挥官的帐篷。住，就这么解决了；衣，灾民救济点领的；食，当然还是蹭，有时候一罐八宝粥，有时候一碗方便面；行，靠走。

关键是拍摄素材的传输问题，我们求了那位喊我的干部，用武警指挥系统把最初几天的采访素材传到北京总部，李伦再派编导取回台里剪辑，所以当时电视播出的画面上可以看到"武警动中通"的字样。负责传输的技术大哥对我们这个小组特别优待，只要是上传我的节目，可以插队，可以超时。我同事笑那位大哥是我的粉丝，那位大哥说："以前不是，这次才是的。"

我选择了北川，在北川的半个月，还有无数次选择等着我。

每天是为了固定的出镜机会留在县委大院，还是冲出去只管找到新闻当事人，不计较自己出镜频次？遇到千载难逢的一手新闻报道机会，但救援人员配合拍摄就有可能影响救援进度，该坚持还是放弃？疯传唐家河上游堰塞湖要塌，是抱着摄像机逃难，还是打开话筒逆行而上？北川貌似平静下来，同行们跃跃欲试要走遍灾区，是坚守北川，还是随大流？……在这一次次选择面前，我的价值排序让我几乎没有纠结和犹豫。

有一天，我们跟着三个送给养的战士去堰塞湖。我们走在干涸的河道里，塌方之后的山体土质特别松软，就像踩在煤堆上，往上走一步，往下滑半步，随时有再次塌方的风险。因为要兼顾我们，武警战士没有办法快速行军。他们又都背着特重的东西，走得越慢，体力消耗越大。我问，如果碰上余震上面的水涌下来了怎么办，他们说："使劲儿往高处跑，我们体力没问题，但是你们可能够呛。不过您放心，我们一定会保障大家的安全，领导交代了。"

听到这儿，我知道我必须停下来了。避开战士们，我跟两位同事开了个小会。我说："咱们是不是别去了？如果我们跟着上去，会成为战士们的负担，真遇到危险，他们一定会拼了命来保护我们。我们不能拖后腿，更不能让别人赌上命。"

一个年轻的同事说："反正你想好，这几天咱们都没拍到什么像样的内容。这是多难得的机会，要是拍到了，咱们这个组就成了，还没有记者拍到过堰塞湖呢！"

北川县城依傍着唐家河，地震使山体岩石崩塌堵死了河床，河

　　　　　　　　　　　　　　　　　　　　你好，我们

水蓄积形成了湖泊，就像悬在北川县城头上的一把剑。堰塞湖在当时的确是众人瞩目的新闻点，这个湖一旦泄下来，整个北川县就会被全部淹没，事关人命，事关救灾的部署，但一直还没有电视记者发回一手资料。这个稀缺的新闻资源的确很有诱惑力，但要看价值和代价之间的关系，不能为了拍一个震撼的镜头而耽误三位武警战士完成送给养的任务。第一，他们为了照顾我们而放慢速度，体力能不能支撑到把东西送上去？第二，万一洪水来了，他们为了保护我们出了意外，我们能承受得了这份愧疚吗？

一番天人交战，我们最终选择打道回府。

朱大爷，那个因为《路遇》被大家认识，又因为他的极致良善被人们记住的朱大爷，就是在这个时候出现的。

告别了三个战士，我们一行三人，走在尘土飞扬的山路上，阳光直晒着头顶，疲惫又沮丧。转过一个山岗，远远地，只见一个瘦弱的老人，肩挑扁担，一摇一晃地向我们走来。路上没什么人，他逆着疏散的方向走来，身影特别显眼。我们三个人保持原有的速度向前走着，没有对话，没有对眼神，但每个人都默默打开了手里的设备，我手里的是话筒，小包子手里是专业摄像机，老杨手里拿着家用摄影机。至于后来发生的事，都记录在了《路遇》里。《路遇》这条片子入围了当年的中国新闻奖，最终获奖的是中央电视台众志成城抗震救灾报道全体。这里面，没我们，也有我们。

5·12汶川大地震十周年的时候，我们几个人建了一个群，群名叫"十年了"。现在这个群叫"十四年了"。当年，这条视频激起的涟漪，让我始料未及。有领导干部说，为着这么朴实善良的人民，我们有什么理由不执政为民？有大学生说，我每天忙于自己的算计里，朱大爷一句"让你操心了"炸出了我袍子下的"小"……14年后的2022年5月12日，依然有大大小小的账号重发《路遇》，依然有很多观众在我的自媒体评论区向我发来问候。

地震发生半个月后，北川老县城全面封城消杀，出入口拉起了警戒线，全体人员撤出。

2010年5月11日，北川老县城因损毁严重无法重建，地震遗址经过治理保护，对外开放。它具有全世界地震遗址保存面积最大、原貌保存最完整、地震破坏最严重、次生灾害最全面、破坏类型最典型的特征，是四川省重点文物保护单位。

每当回想起北川的经历，我总是刻意回避那些苦痛，而更愿意回想那些温暖和人性的美好。有一个小细节，总会闪着光出现在我的脑海里。在北川整个救灾指挥营地里，我是后来留下的唯一的女记者。有天我在帐篷里休息，一个战士在外面喊："李记者你好，我们小队长请你来一下。"我走出帐篷，跟着他七拐八拐来到一个隐蔽之处，几个战士戳着铁锹站在那儿看着我笑："李记者，我们看你辛苦，给你修了个旱厕，你看看满意不满意。"我惊讶得说不出话，走进那个新挖的厕所一看，刚刚翻新的红土，只有一个坑位，脚踩的地方被夯实了。太幸福了！然后，在角落里，我看到了一株和我差不多高的绿盈盈的小树苗，树叶在太阳下闪闪发光，见我呆在那里，一个战士说："嘿嘿，给女生用，美化一下。"我说实在太麻烦你们了，他们说："不麻烦，你是我们的功臣美女。"

这个世界上，我再也收不到比这更浪漫的礼物了。

一次次选择的正向反馈，会慢慢增加一个人对自己判断的自信，促使他再度按照验证过的标准去决策，久而久之，这个人便成型了。在我做出那一个个选择的时候，我不知道会有如此丰厚的回报，我不知道我的脑海里可以永远珍藏一群年轻人的笑脸和一株闪闪发光的小树苗。这是我的选择，也是我的洗礼。

那棵小树，连带着无数美好的东西，在我心里生根发芽，融入我的生命，暗暗生长。我现在没有记者证，不能在新闻现场，但我依然可以做内容，无论是视频、音频还是直播，每一次价值输出，我心里那棵小树苗都会更加闪亮。

一
小
萌
说

在价值和代价之间权衡关系。

一次次选择的正向反馈，会慢慢增加一个人对自己判断的自信，促使他再度按照验证过的标准去决策，久而久之，这个人便成型了。

第 7 章

不断实现，
不虚此行

人性中的善良天使：
把"利他之心"变成底层思维

前面讲的那些往事，令我心潮起伏，这章我要开始聊聊我的商业化之路了，是不是太反差了？连我主持《你好，爸爸》时口播一个广告，观众都不习惯，现在我直播带货，别说观众会骂，我自己要怎么面对呢？短视频变现，没有其他办法了吗？暂时没有。

其实在我还犹豫的时候，那么多身价、名气、企业规模、成功指数比我大千倍万倍的人，早已经轻装上阵，难怪《有钱人和你想的不一样》这本书说："对销售和宣传觉得有困难的人，通常都很穷。"

说起来有意思，我的第一本书《你好，小孩》出版后，因为疫情，所有的线下签售、读者见面会全部取消，出版人让我用抖音账号直播卖书，就算卖不了多少，也算是个宣传。几场直播下来，我连我自己的书都卖不好。自己的书卖不好，卖卖别人的书试试吧。我去了中信出版集团库房做专场，业绩惨淡，而那个时候，王芳、刘媛媛都已经是图书直播带货的头部玩家了。我就算奋起直追，也不过是别人的一个零头。

2021 年，当时正风生水起的罗永浩"交个朋友"公司开始跟我的团队接洽商谈直播货盘，牛排、龙虾尾、洗衣液……就像一个杂货铺子，应有尽有。一场直播近 8 个小时，但销售额远远没有达到预期。这场播完，执着于数据的我说，如果下面不能有明显改观，我不再播了。团队商务组的小伙伴们的眼神一下子暗淡了下来。

遇到困境，我喜欢回到书的世界，很多次，阅读为我指明了方向。面临职业选择时，谢丽尔·桑德伯格的《向前一步》告诉我，女性在职场的轨迹不一定像爬梯子一样只能向上，也可以是网格状向四面八方探索；成为妈妈后倍感焦虑时，温尼科特的《妈妈的心灵课》告诉我做六十分妈妈就很好，你才是最适合你宝宝的妈妈。那么对于直播带货的心理建设，我受益于《有钱人和你想的不一样》。它说，有钱人乐意宣传自己和自己的价值观，而穷人把推销和宣传看成不好的事。好吧，我承认，我确实是后者。书里说，厌恶推销，是最容易阻碍成功的障碍。

排斥宣传或销售的人通常有以下几个原因。

首先，你过去可能遇到过使人反感的推销员，过分的啰唆或强制推销。但注意，这个不愉快的经历只存在于过去，继续记着它对今后没有任何好处。

其次，你可能曾经尝试向别人推销却被拒绝，有过受挫的经历。如果是这种情况，那么你对推销的厌恶感，只反映了你对失败和被拒绝的恐惧，与推销本身无关。

再次，你的问题可能来自家庭教育。很多人都听爸妈说过

　　　　　　　　　　　　你好，我们

"自吹自播没礼貌"。在现实世界里，谈到事业和金钱的时候，如果你不能宣传一下自己，谁会帮你呢？有钱人会很乐意对每一个愿意聆听而且有希望跟他们做生意的人，宣扬自己的好处和价值。

最后，有些人觉得做宣传是"不合身份"的行为，作者称这种心态为"自我膨胀症"。这个时代如果依然相信"酒香不怕巷子深"的话，那么现实会教你这堂课的。

钱钱钱，这满纸的钱字，看得我头都大了。作者把商业上的成功用"有钱"来指代，大概是为了获得更多读者，但对"视金钱如粪土"的读者怎么办呢？好在，我似乎是想通了，销售，没有高下之分，但技术和结果却因人而异。

"学如逆水行舟，不进则退；心似平原走马，易放难收。"直播这事还是不能放弃。我托人帮我找更有经验的直播公司"会诊"，结果他们分析我的数据后发现我作为主播吃苦耐劳，用户在线停留时长和客单价都很优秀，于是提出要代理我的直播运营。

当时我跟卢俊、姜喆还只是简单合作，签订了一份运营的协议，由他们运营我的账号，包括短视频和直播。我如果把直播业务给别人做，就是违约，也是行内大忌。但我还是想试试，抱着谈不成的决心，我对卢俊说："我想把直播单独拿出来给直播公司做，佣金和你分，其他所有项目还是和你一起合作。"没想到他说："没问题，你去试吧，分不分账都不要紧，关键是对你有利就可以！"

我一时不知说什么，他是精明过头还是憨厚过头了？后来他跟我说，是出于莫名的信任。他看到我像犯错的孩子一样说出自己的打算，既没有埋怨也没有推脱，他认为我不会不顾他的利益，就决定投下信任票，让我放手去试验。彼此心意相通的合作就是这样。信任是成本最低、效率最高的合作方式，只要真正地信任，很多事情都可以做出增量，如果非要分得那么清楚，双方就不得不变成一种存量的零和博弈。所以，经此一事，我对卢俊和姜喆建立了牢固的信任感和安全感，捆绑越来越深。想不到我演练很多遍的"商战剧"变成了"轻喜剧"：我甚至带着他们一起上门去对方公司考察学习，不仅没有产生嫌隙，反而真正成了一个整体。

　　不久，我就跟这家公司合作了几场直播，实时在线人数上万，单场销售额破千万，数据比原来漂亮了许多。我也学人家的样子在朋友圈发起了战报。然而，我仔细分析数据后发现，好看的数据是昂贵的流量费用顶上去的，一场虚假繁荣。在这套付费流量玩法中，主播就是个工具人，他能提供什么价值、能不能把好东西带给客户，都不重要了。在这种机制下，谁来当主播都能做到销售额上千万。对方运营负责人说，哪怕是条狗也能卖出 1000 万。可以感受到他对技术的自信，但作为一个主播，我有点儿不寒而栗。

　　这时，我的创业导师发来了微信："发战报啦，我看你这战报怎么是湿的？"我问："什么意思？"导师说："有水分呗，好好做自己的事情，不要学这个花活，你不适合这种风格，老老实实、脚踏实地，是你的命，也是你的运。"

　　一句话，点醒了我。我真正开始研究直播了。我花大量时间看别人的直播，琢磨自己究竟差在哪里，就连跑步锻炼我都在刷带货直播间。我发现，好的主播在屏幕前都有着极强的掌控感，是直播间的绝对主导，其他所有人都是配合他的。他决定选品，决定价格机制，他跟商家博弈，决定送红包还是发福利。不管是真的还是表演性的，主播就是直播间的主人，这样对别人才有说服力，别人才愿意相信他。实际上，直播在某种程度上是一次体验和信用的交付，只有你热情四射，全力以赴，真情实感，你才能让用户真正相信你说的话。而我那个时候是什么状态？旁边一个助播喋喋不休地讲产品，我呢，就像一只大熊猫似的往她旁边一戳，连插话的意愿都不强，心里想着这有什么好说的。殊不知，别看手机屏幕比电视小多了，但你的内心活动会清晰地写在脸上，被用户捕捉到。抖音是兴趣电商，如果主播不是真吃真用真感受，用户能迅速识别出你的情绪状态，一旦洞悉到你自身对这些东西不感兴趣，他们就完全不买账了。

于是，我下定决心不再要助播，自己不管花多大工夫也要掌握产品信息，把直播间变成自己的主场。在我研究直播间的时候，我账号的短视频带货有了起色，完全是用户静默下单，无须劳神直播。卢俊提议说，我们干脆战略性放弃直播业务算了，专注于短视频，成为短视频带货的头部也是很有竞争力的。但我觉得不行，如果直播跑不通，永远缺一条腿，无法应付抖音瞬息万变的算法。我说："我可以放弃过去所有的虚荣心、放弃'单场达到上百万上千万成交额'的妄想，咱们就出小摊——人家是大型专场，我就摆个地摊；人家在线人数都过万，我们几百人也没关系，就测试看看在不投流量的情况下，到底行不行、功夫差在哪儿，我就是要摸清这条路。"

看到我从云端降落人间，团队也重整旗鼓，我们再一次回到了最初合作的起点，坐下来冷静地思考赛道，思考打法，思考未来的方向。

到底卖什么合适呢？团队集思广益，商务负责人范琳琳，一个90后的瘦高姑娘问我："小萌姐，你对什么东西感兴趣？"

我说："我最近对一样产品特别有心得，就是辅酶Q_{10}。""什么？什么10？"我笑了。我是一个膳食营养补充剂的支持者和身体力行者，如果我能把营养健康教育变成一份新的事业，也未尝不是一种可能性。这个念头在我心中闪过的时候，我甚至有些兴奋。思绪被记忆拉回到我和辅酶Q_{10}的缘分交集处，我跟团队慢慢讲了起来。

2020年《你好，小孩》写到后半程的时候，我经常心跳过速，平常每分钟60多次，但往电脑前一坐就飙升到每分钟100多次，半夜躺在床上也经常像是忘了喘气，被自己憋醒。我担心是心脏病，大夫看了我的各项检查报告，说："相比同龄人，你的身体指标算非常优秀了，心脏没毛病。"至于心脏的不适感，我的营养师推荐我吃辅酶Q_{10}。

辅酶Q_{10}是什么？打个比方，汽车输入的汽油是生物能，往前跑是动能，那么生物能怎么转换成动能呢？需要发动机。辅酶Q_{10}就相当于我们身体细胞里的发动机、能量转换器，帮人体把吃进去的蛋白质、维生素等营养转化成身体能量，供你思考、运动，维持身体运转。所以，辅酶Q_{10}是身体的必需品。这个必需品人体可以自己合成，但自我合成能力一般在25岁达到巅峰，然后就一路走下坡，到了 70 岁，就只有巅峰期的 25%。当辅酶 Q_{10} 不足时，你摄入的食物无法有效转化为能量，身体就会不适。心脏这块肌肉对能量转换的需求最大，所以当辅酶 Q_{10} 匮乏时，心脏首当其冲会受到影响。

我听了医生的建议服用辅酶 Q_{10}，吃第一次后就感觉心脏舒服了，从此再也没有离开过辅酶 Q_{10}，心脏也没再找我的麻烦。我妈 80 多岁了，心脏有三个支架，她也跟我一块吃，她说感觉有点闷的心脏"砰"的一下敞亮了。

辅酶 Q_{10} 之父卡尔·福克斯博士于 1958 年确定了辅酶 Q_{10} 的化学结构，之后坚持服用辅酶 Q_{10} 40 多年，一直到 91 岁去世，被公认为是精力最充沛的教授之一。1978 年，彼得·米切尔博士因在辅酶 Q_{10} 与细胞能量转换方面的杰出贡献，获得了诺贝尔化学奖。

讲到这，琳琳打断我说，"你这么一说我都想买了"，接着她话锋一转，"但，这东西咱们没法卖"。

"为什么？"

"营养素客单价高，一盒要上百块钱，解释成本也高，涉及违禁词，容易违规。比起一般直播卖的洗衣液、日用品，这个东西的销售难度太大了。"

我说："可是刚才你们是不是想要买了？你们是不是被说动了？我是不是从来没有这么热情又投入地讲过别的产品？"

大家都点头。

我知道这是个很小的赛道，但是他们的信服又给了我一些底气。虽然各种"不适合"，但我觉得它值得试，就算用户不买，我也可以讲讲营养常识。这样，从家庭教育到女性成长，再到健康教育和生命教育，我的方向不是变窄了，而是变宽了。

商务的小伙伴立马联系到了非常可靠的品牌方，还盘来了其他一些营养素产品，正式开始"摆小摊"。第一场播了四个小时，没有任何流量投放，销售额 10 万元，虽然现在听起来很少，简直不值一提，但当时大家都很开心，因为看出来我能带得动货，产品能讲得明白，没有违规，而且用户愿意听，最终促成了下单。评论区有很多人说："听了收获很大，以前知道这些东西，但是不知道买什么牌子，因为相信你，所以相信你推荐的产品。"这给了我们莫大的鼓励。

但行好事，莫问前程。当我坚定地把健康教育和优质营养素产品分享给直播间的用户，我从中找到了利他精神，我的内心不再羞愧，不再怯懦。

有了第一周销售额 10 万元的成绩，第二周一路涨到了 30 万元，紧接着第三周 50 万元、第四周 80 万元，很快单场就突破了 100 万元销售额，而且最关键的是没有任何流量投放，都是在自然流量的情况下，每一场都上一个小台阶。虽然我们也经历着过程中的各种波动，但整体呈上升态势。有一场直播，辅酶 Q_{10} 的单品销售额就超过了 70 万元。我的讲解得到了品牌方的认可，他们将我的直播片段录下来，用来给自己的一线销售做培训，说比他们的专业销售讲得都好。

这也验证了我之前的判断——抖音的确是兴趣电商。一个产品，当你亲身用过，由衷地喜欢，发自肺腑、苦口婆心地推荐，用户就愿意去购买。而且，我能把直播做得不那么浮于表面，不是干吃喝，而是扎扎实实地讲原理、普及知识，讲营养健康常识、护肤的常识等，这体现出我在内容阐述上的优势。相应地，对用户来说，不只是价格上的实惠，还能有智识上的收获，他自然愿意跟着买，相互形成一个正向循环。这不仅是一种利他精神在驱动，更是一种内容和知识驱动的销售，在兴趣电商背后，对我这样的外行，还有属于我的独特窗口。

总有人说直播技术门槛低，谁都能做，一个人就能干。但我的做法，决定了必须是团队工作。选品、联系、售后，都需要带着一股匠人精神精工细作，每一个上架产品都要和商家签合同，由律师审核，假一罚十。直播间给主播的佣金，我理解是服务费，是用来帮助用户选品、测评、议价、售后，帮助商家解释产品、触达用户、完成销量。

第一次，我让别人对我有利可图。

从克服销售羞辱，到稻盛和夫说的"利他之心"，我在一点点成长着。"利"包括多个方面：大家通过我买到了便宜的商品，获得了实实在在的优惠，这是"利"；用户看了我的视频或直播，弥补了某些知识盲区，或是感到自己被共情了，焦虑得到缓解，这也是"利"；优质产品被选拔、被看见、被销售，还是"利"。只要大家觉得能从我这儿"获利"，我为大家提供了服务，这个良性的闭环就能推动我不断走下去。商业是一种互利的选择，人类社会还没有发明出比商业更善良的方式，让协作者可以增进同理心，增加互利互惠的机制。正如斯蒂芬·平克在《人性中的善良天使》里反复论证的，商业是人性中的善良天使。我重新认识了商业，重新理解了社会协作的本质和精髓。

在直播起色的鼓舞下，更要坚定地做好两件事，一件是狠抓内容，另一件是利他商业。到了这个阶段，"做有态度的内容，做有温度的商业"也就真正成为我们团队的标语。

补充一句，很多专业书里都可以查到辅酶 Q_{10} 对身体的作用，它是一种抗氧化剂，也是心脏辅助补充剂，但不承担任何治疗作用，在营养师看来这是定论，在医生看来有分歧。虽说近来辅酶 Q_{10} 的搜索量大涨，但还是要提醒大家自行考虑，切不可盲目购买。

小萌说

信任是成本最低、效率最高的合作方式。只要真正地信任，很多事情都可以做出增量，如果非要分得那么清楚，双方就不得不变成一种存量的零和博弈。

商业是一种互利的选择，人类社会还没有发明出比商业更善良的方式，让协作者可以增进同理心，增加互利互惠的机制。

你好，我们

有效犯错：
螺旋上升的人生路径

有人曾经问过我一个问题，有什么事让你后悔吗？

我当时想了很久，我说，没有。

今天你问我这个问题，我的答案还是"没有"。

不是没犯过错，不是没有失败，相反，我经历过的至暗时刻还不少。但所有的失败，我都看作是一次成长，所以，我不仅不会后悔，还心存感激。

弗兰克尔在《活出生命的意义》这本书里，用大篇幅记述了他在奥斯威辛集中营里的亲身苦难经历。他认为每个人的一生都无法逃避生命的"三重悲剧"——痛苦、内疚与死亡，而要找到生命的意义，无非三个途径：工作（做有意义的事）、爱（关爱他人）以及拥有克服困难的勇气。

和平年代，我们很多的痛苦时刻来自自我否定，自我否定来自我们自己认为的犯错。大多数的犯错，只是犯错，是无效的。陷入无效犯错，成长就会停滞，这是因为内心对成长怀有很多戒心。陈丹青说"不要见太多世面，不要老想着长大，变成一个复杂的人", 很多年轻人很认同, 但那是一个人长大后怀念青春时发出的感慨, 而不是我们拒绝长大的理由。就像毕加索, 他说要用一生去学习画得像个孩子, 但前提是他用很短的时间就已经画得像大师拉斐尔, 大师才有资格回到天真烂漫的小时候, 而我们普通人的成长真的需要见世面、长大、变复杂。只有不断地成长, 不断地螺旋上升, 我们才能迎接更多可能性。更多可能性, 对大多数人来说是珍贵的, 也是我们普通人追寻生命的意义。

我印象特别深刻的是有一次直播, 在各项数据特别好的时候, 突然断播了。一查才知道, 是有人投诉我们直播间"虚假宣传", 而且投诉所用的语言都特别一致、规范、专业。抖音的人说, 这不像是普通用户投诉的。

我先介绍一下背景, 抖音直播要求出镜主播说话用语符合《广告法》的标准, 不仅"最""第一""全球"等极限词不能说, 而且诸如"事半功倍""立竿见影"这类词也会被判定为违禁词。一旦出现敏感词, 系统会予以提示, 严重的话会扣信用分, 扣分到一定程度还会掉橱窗, 极端情况下还会直接断播。

从用户角度, 我特别赞成平台这种做法, 这也是维护电商环境、保护用户权益的必要手段。但对于主播来说, 所使用词汇量越大、越追求语言的美感, 越容易犯规, 在这个平台耕耘的人常常备受打击。

原本士气高涨的办公室气氛一下子低沉下来, 大家都在猜为什么会这样, 会不会有人恶意投诉, 一时间怨声四起, 甚至有点儿群情激奋。这时候我觉得必须说点儿什么, 我走到办公室中间说: "同学们, 停一下。我说说我的感觉。我在职场 20 多年, 经历得多，看得多。我从来都相信邪不压正，没有一个人靠歪门邪道能走得长远。一直做不当的事情，那他自己一定会被反噬。而且，如果真有人这样做了，一定会出现证据，有证据的话我们决不饶他，但是第一，现在并没有证据证明是恶意投诉导致的断播；第二，我自己是不是做到了无诉可投？我是不是真的一句违禁词都没说？我承认，可能会因为疏忽出现少量的违禁词，咱们在执行上还是有瑕疵。打铁还须自身硬，不要有情绪，坚持做正确的事，相信人间正道是沧桑。"

安静的办公室，可爱的年轻人，他们竟然一齐为我鼓掌。这一鼓掌，情绪也缓和了，重整旗鼓，再度开播。我的经历中，波浪式前进、螺旋式上升的例子太多了，越是要上台阶的时候，越是会在原地盘桓，但这些盘桓是有意义的，它让我磨砺心志，积聚力量，时机到了，上升便是水到渠成。

这次的犯错已经不是无效的了，它使我们更加平和认真地检视自己的工作，也使我愿意站出来，走到中央，作为团队核心人物，担当起定海神针的角色，整个团队更加心意相通。不仅如此，我还要让这次的犯错红利最大化。

第二天，我们请抖音电商的负责人来给公司全体员工做深度培训。虽说我们掌握了一些直播要求，但是在大健康和营养素赛道中，我"知识讲座"式的带货，特别容易用到违禁词。因为我觉得只要说话，就是内容和价值的输出，讲价格机制或者优惠信息对用户意义不大，但如果能把每一种营养素背后的知识和原理跟大家分享，即便用户不买，也有认知收益，之后，用户会有自己的判断。

讲知识越多，风险越高，我们需要摸清楚真正的边界在哪，这涉及我们团队的每个岗位、每个工种。只有不断学习，我们才能在符合现行规则的情况下，继续往前走，戴着镣铐也要跳舞。全员培训之后，我们制定了新规则，谁造成断播或扣分，谁就受罚，包括我在内。奖惩机制刚颁布，就有一个同事辞职了。我心里有不舍，但我不认为是规定的问题，对环境变化如此敏感，连观望适应的耐心都没有，我们只能遗憾告别。

外界认为上不了台面的带货直播，其实对人、对组织的考验非常大，每场直播体力和心力消耗巨大，就像一次小规模遭遇战，同事变为战友，冲锋陷阵，互相掩护，同仇敌忾，惺惺相惜。不仅主播自己要注意话术，负责上链接、做背景板、写文案的每一个人都要谨慎，每一句文案、每一个字母都要严格把关。很多时候，一些关键词的遗漏或歧义，都会造成扣分或断播。就算准备得万无一失，在直播过程中还有无数的未知，你永远不知道开播后会遇到什么。我们就这么跌跌撞撞地踩过了一个又一个坑。

有一次国货品牌专场，我们筹备了好几天，胸有成竹，胜券在握。开播后撑过了第一个流量低谷，各类数据正往上涨的时候，办公室的网卡了，只能断播重开。姜喆给物业、电信、抖音、品牌方打着一个个令人焦虑万分的电话，时间一分一秒地过去。检查半天，网线一切正常，抖音平台一切正常，播出设备一切正常，但就是卡住了，为什么会卡至今都是个未解之谜。排查不出原因，只能悬着一颗心再开播，一切恢复正常，可是流量窗口已经过去了，再要拉起来又忙得出了几身汗。当然，永远不要以为你是全世界最惨、最委屈的一个，凡是认真耕耘的直播间都是这么过来的。历经九九八十一难才能取得真经，该踩的坑谁都少不了。这时我的口头语是：凡打不死我的终将使我更强大。据说这话来自尼采，他绝想不到他著名的哲思会在 100 多年后激励到一个带货主播，也许世界的尽头真的是个圈。

解决问题本身往往并不复杂，重要的是勇敢面对，我们大部分时候不愿面对问题是因为对自己不足和缺陷的那一面没有勇气承担，为什么？因为伤自尊、玻璃心。据说字节跳动全球 30 多个国家的办公室墙上都挂着同一组海报，其中一张海报的内容就叫 "ego creates blind spots"（自尊制造盲点）。这其实是一个心理学概念。

我们平时经常会用到"自尊心"这个词，一会儿说这个人自尊心太强，一会儿说那是一个低自尊的人，不管太强还是太低，都会阻碍一个人的发展。如果你也有类似的困扰，你真应该看看《恰如其分的自尊》这本书。听不得批评，不能接受不同意见，是自尊心太强；感受不到爱，也不再爱别人，是自尊心太低，会诱发酗酒等成瘾问题和抑郁症。

那如何让一个人的自尊保持在恰如其分的水平呢？书里给了一个小测试，以下 5 个心理状态，如果你有同感，就在心里给自己加上 20 分，没有就减去 20 分。

1. 经常否定自己，对自己不满意。
2. 经常受到他人意见的影响，改变自己原有的决定。
3. 面对别人的批评，习惯性地立即自卫辩解。

4. 被别人赞美时，就认为对方人真的很不错。

5. 对于别人的评价，经常在大脑中盘旋好几天。

–40 ~ 40 分之间，是自尊心恰如其分，如果得分在 40 分以上，你有可能是一个自尊心强的人；如果得分在 –40 分以下，那可能没什么自信，有点儿自卑。一个人的自尊水平，主要由三个方面构成：自信、自爱和自我观。这三个方面主要受亲密关系的影响，在此基础上潜移默化形成的。如果一个人小时候总是被打压，那他就很难做到自信。

恰如其分的自尊能够提升人生的品质，同时也帮助我们更有成就感。否则，为了维护心中那个封闭的自我，我们会付出高昂的代价。恰如其分的自尊心能够帮助我们抽离自我，审视它，面对它，公正地对待它，最终在与他人的协作中摆正自己的位置，以一种客观的姿态直面问题，这才是解决问题的开端。反省，需要超越不必要的自尊，这是解决问题的关键，也是成为解决者的第一个破局点。保持开明的心态，允许他人指出可能的疏忽，我们的目标是做对事，找到正确答案或解决之道，至于正确答案是否来自"我"，这不重要。

犯错在所难免，我们能做的就是争取"有效犯错"。桥水基金创始人瑞·达利欧在《原则》中说过，进步 = 痛苦 + 反思。在犯错后，只有积极诊断问题，就问题根源提出新的解决方案，并且践行这个方案，你才能实现螺旋上升。

"有效犯错"也必然蕴含着"必要的冒险"。因为每一次改进的行动方案，都是一次新的冒险，主动让自己处于险境，有时会得到意想不到的收获。比如，在抖音平均观看时长 1 分钟的时候，我们录了一条 10 分 46 秒的视频，并尝试发了出去，结果不但收获了正向反馈，而且掀起了中视频风潮，成就了一次抖音流量破局的关键创新。再比如，我提出跟别的公司合作直播，对于我和团队来说，未尝不是一次探索和冒险。我们不仅学会了甄别有效商业，还增长了自己面对挑战和风险的能力。

有些人越犯错越怕错，但在错误中成长的人，会越犯错越不怕错，这就是成长型思维。成长型思维也让人敢于冒险。

2020 年 6 月初，湖北省召开新闻发布会，宣布武汉 990 万人已接受核酸检测，没有发现确诊病例。6 月 5 日傍晚，我站在了武汉鹦鹉洲长江大桥下面，那时北京还没有飞往武汉的航班。

那个傍晚，在未来很长一段时间里都留在我的记忆中。暮色下，汉阳江滩公园里，满满的都是武汉人，那些历经磨难终得解脱的人，脸上洋溢着一份轻松。篮球场、网球场、跑道上，满是健身锻炼的人；透过餐厅的窗户，可以看到觥筹交错；停车场开始排队，地摊摆得风风火火。没有经历过这一切的人，绝对不信，几天前，这里还是一片寂静。日常变成了无常，人们才会加倍珍惜。

一个月的时间里，我们穿梭在湖北省中西医结合医院、湖北大学人民医院、武汉市汉阳医院、树兰医院、华西医科大学附属医院，见到一个个最可爱的人，说是采访，不如说是看望。

张继先医生，大家都非常熟悉了，她是疫情上报第一人。我想知道，为什么会是她，以及她如何评价自己的表现。在外界看来，她是发现新冠病毒里程碑式的人物，她心里是不是装着星辰大海？答案是 no。在张医生眼里，她只是做了一个传染病必须上报的常规动作，她说："要是不上报，才叫奇怪。"我问她："这件事，毕竟非同小可，如果你判断错了怎么办？"她说："错了就错了，科学当然允许出错，我一个人出点儿错不算什么，耽误了信息上报，害的是人命。"

就在我们采访期间，湖北省博物馆找到她，希望收藏她当时写的病历档案。她悄悄把病例藏起来，躲着不见。我说："你手写的病历档案被省级博物馆收藏，也是个荣誉。"她说："我要那个荣誉干吗，我得留着工作上用。"

这就是一个有着恰如其分的自尊心、敢于冒险不怕犯错的经典案例。

其实人生历程莫不如此，我们的生命品质也是靠一次次地试错、螺旋上升来实现优化的。每个人都有自我意识障碍和思维盲点，所以要做到头脑开放，在失败中进化，一直持续改善。"无效失败"让我们不断重蹈覆辙，"有效失败"让我们不断向上成长。

小萌说

大师才有资格回到天真烂漫的小时候，我们普通人的成长真的需要见世面、长大、变复杂。只有不断地成长，不断地螺旋上升，我们才能迎接更多可能性。

保持开明的心态，允许他人指出可能的疏忽，我们的目标是做对事，找到正确答案或解决之道，至于正确答案是否来自"我"，这不重要。

"有效犯错"也必然蕴含着"必要的冒险"，主动让自己处于险境，有时会得到意想不到的收获。

你好，我们

合伙人时代:
从事业合伙人到人生合伙人

　　有了自己的公司,就连写书也是公司的项目,大家为我的书稿出谋划策,截稿日也会写在公司日程表上。我杂事多,没有人催交稿就永远延期,每天卢俊和姜喆都会在群里给我倒计时。就在我的书稿截稿日已经火烧眉毛的时候,周末的晚上,一个开戏剧酒吧的朋友给我留了桌子,去还是不去?越是紧张时就越应该透透气,我想拉上卢俊和姜喆一块去。

　　群里先是沉默了一会儿,卢俊问:"演员是他吗?"

　　我说:"是。"

　　卢俊说:"那去。"

　　我火速把时间、地点、桌号发了出来。

　　隔了10分钟,姜喆发了个"哈哈哈"。

　　于是本该写书稿的时间,我们穿过北京周末拥挤的东四环,去看戏了。这个戏剧酒吧在北京很有名气,提前20天都买不到票。顾客该吃吃,该喝喝,等到灯光亮起,酒吧里的任何一个角落都可以是舞台,专业的演员们就擦着你的身边走过,开始他们的表演。

演出结束，我们还一直玩到 12 点。卢俊一边看戏一边给偷偷给我们拍照，我和新认识的朋友聊着天，姜喆困得哈欠连天。作为补偿，我第二天 6 点爬起来，10 点交稿。

这一幕，特别有趣，也是我们之间关系的一个缩影。我们三个人当中，我是比较需要被管理的，卢俊比较随性，姜喆是个严格理性的管理者。性格各异，行事风格互补，彼此有同理心，有关照，也有界限。

在最初创业的时候，我的依赖心很重，特别渴望合伙人。最初，我对合伙人有很多误解，比如，觉得对方只要能帮我打理一些我不擅长的业务，就可以成为合伙人，而其实事务性工作完全可以外包给专业公司；比如，对方在某一方面有强大的资源，就可以成为合伙人，不管彼此三观合不合；比如，觉得对方哪哪都好，就追着要跟人家合伙，完全不管自己能否提供和对方同等体量的贡献。实际上，不管是婚姻还是事业，只有自己强而独立，才能找到优质的同行者。

虽说误区很多，交的学费也不少，但有一点我始终坚信：只有合作，才能把价值放大。一滴水只有在大海里，才不会干枯。何况我做的是内容＋商业，一个人很难同时具备创意能力和商务能力，在时间、精力的分配上也不现实，倘若坚持，很快就会遇到发展瓶颈。好的合伙人，须三观一致、性格互补、旗鼓相当，同时还能各自独当一面。最重要的是，彼此是精神支柱，团结一心，这样才有披荆斩棘的勇气。有的人选择单打独斗，但我始终相信一个篱笆三个桩，多人智慧的碰撞永远大过一个人。创业是一场马拉松，而且

　　　　　　　　　　　　　　　　你好，我们

是一场用百米冲刺的速度奔跑的马拉松，想要走得更远，单凭个人的力量远远不够。在社会化分工越来越精细的今天，个人的能力优势往往集中在某一方面，不可能像八爪鱼一样处处兼顾。只有不断连接优秀的同行者，集中优势，协同作战，才能将战斗力最大化。这也是为什么当下的商业社会，雇佣制正在越来越多地被合伙人制取代的原因。

以前寻找合伙人，我总会想对方能给我带来什么，现在我更多是想我能为对方带来什么。也许你会说，你有一技之长，能做视频、有点儿名气，这就够了呀。如果仅有这些，那么一纸合作协议足矣，不需要成为公司的一部分。成为合伙人，对我来讲，要看我能否给对方提供长久的合作、丰厚的社会资源、公司战略决策的参谋、危机时刻的共同进退和荣辱与共。

在我们公司成立的全员会上，我说了这些话，也是我的决心："超越签约艺人成为公司的一分子我很开心，从没有一个团队能像你们一样对我这么好，而且期待我更好。我也在想我能给你们带来什么。我希望自己对公司的价值，不仅展现在销售额、播放量、粉丝量、影响力上，更应该展现在业务上，我努力做好公司的门面担当，招贤纳士；在情绪价值上，希望我们的创业可以为各位增加人生的信念感，希望我们的内容传播可以为各位增加事业的荣誉感。我愿意做公司的基本盘，即使到了最差的情况，我天天开直播也会把公司保住。"

说这些话时，不是一时热血，兑现的日子马上就来了。

我们公司的业务模式侧重短视频，倚重商家品牌宣传的投放，对直播没有那么依赖，平时一周播一次，截至 2022 年 5 月，我们整体数据还算过得去。但我知道整体经济形势受疫情影响很大，这种影响即将传导到我们这类公司，商家都在压缩广告预算，更注重出货量。我想，到了我实现诺言的时候了。我提出每周增加一次直播，把短视频端下滑的收入，从直播端补回来，保证公司平稳运行。一次直播，6~8 个小时，为了保持好的状态，我全程站立，每次播完，第二天只能躺平，完全字面意义上的躺平。改成一周两播之后，体力挑战很大，嗓子第一个哑了。上大学的时候，我的播音专业课老师就说过，我的声带偏薄，气息运用也不是特别科学，果然老师的判断很准。听着自己沙哑的直播嗓，我一度有点儿自怨自艾，想退回一周一播。但又一想，我不是一个简单的主播，我是在创业，这是我的选择，整个团队都在玩命，嗓音沙哑这点儿代价，值得一提吗？到现在，每周两次直播已经是家常便饭，而且有意思的是，心态调整了，嗓子也没那么哑了。

这次调整，抹平了经济形势下行给公司带来的影响。因为直播频次增加，各项直播的指标和数据都被优化，品牌与我们合作的热情更高了。更棒的是，团队发现大家协力可以转危为机，更有信心了，更有凝聚力了。还是那句话，凡打不死我的终将使我更强大。

有人说，找对合伙人比找对商业模式更重要。我深以为然。合伙人"合"的不只是钱，合的更是一种精神、一份拼劲。怎么选择合伙人？我实践出的标准有这些：

第一，敢于入局的人，才能够成为合伙人或股东。

塔勒布在他的《非对称风险》中强调，合伙人要躬身入局、风

　　　　　　　　　　　你好，我们

险共担。没有风险共担，就没有进化。他这本书的英文书名"Skin in the Game"形象地说明了这一点，它的意思不是"游戏里的皮肤"，而是说你要把自己放入游戏中，成为利益相关方。这个游戏可能是一份事业、一次投资、一个决定……当你躬身入局、真正把自己与这份事业捆绑在一起的时候，你的立场、视角、思考都会不一样了。你所思考的不只是完成自己的职责即可，而是会从全局的角度去考虑。

成为合伙人后，我真真切切地体会到了这一点。

首先是卢俊、姜喆敢于入局的状态感染了我。我们三个人有个群，不管我在任何时间、哪怕半夜提出任何问题，另外两个人都会及时地响应。他们之前都是厅局级干部，但创业后就是创业者的模样。我直播化妆品的时候，卢俊为了节目效果，可以涂上口红、敷着面膜去给用户展示，对，他是个男的。我执行的每一个商单，姜喆都会一起去，不管对方是什么水平的团队，她都会带上一个手持的面光灯给我补光。我们直播从早上8点开始，我习惯7点就到办公室化妆准备，他们也都7点准时到位，我说不用来这么早，卢俊说："你不是在给我打工，咱们是在一起创业啊。"

这些都是很微小的细节，似乎和想象中的叱咤风云不一样，但合伙人就像夫妻过日子，再强烈的爱情，也要在琐碎的日常里延续或消亡。至于大的利益和义务，我们更是把自己全部的业务、项目、资源放到公司层面共享共担，没有兼职、没有外快。

相反，如果有的合伙人只是挂个名、出个资源，个人跟公司并非利益相关，后续很多事情会非常麻烦，甚至会拖垮整个公司。

我们常常以为，给别人股份是获得合作者的最便宜、最省事的方式，然而事实证明，这是最麻烦的方式。你给出的股份不及对方预期，会造成对方不投入，彼此产生嫌隙，影响公司发展。我的经验是，能用现金支付别人等价劳动的，就应该给现金，不要随便承诺股份。或者相反，如果你承诺的股份过高，过度透支自己未来的利益，当对方跟你算账时，可能你付出的成本要比当时现金购买他的劳动高得多，最后很难收场。

第二，三观一致至关重要。

很多人把合伙比作婚姻关系，其实，夫妻在三观上不那么一致，日子也可以过，但合伙人如果三观不一致，在大是大非面前产生冲突、争执、拉扯，不仅会浪费时间，而且将对公司造成极大的干扰和阻碍，甚至是致命的打击。当然，不同个体的三观不可能绝对一致，这里说的一致是指"价值观共识最大化"。三观一致，不代表没有分歧、没有争论。

拿我们的一次战略转型来说吧，其实我们一开始合作，是想要在抖音上做知识服务和家庭教育培训课程的。我的两个合伙人都是资深出版人出身，做知识培训是他们的强项，我一直研究家庭教育，又有宣讲的能力和一定的影响力，按理说，我们最适合做这类项目。但是在深入调研和尝试后，我们发现，家庭教育付费产品很难做出符合我们内心标准的交付。要么是父母白花钱，要么是父母学歪了。如果讲养育之道，无法量化学习成果，家长们不买账；如果讲养育之术，每个家庭、每个孩子都不一样，面对不同家庭的具体问题，不可能有一个标准答案，给标准答案就可能害了并不适用这个方法的家庭或孩子。我们对此出奇一致地表示警惕和拒绝，三个人几乎没有任何争论或犹豫，决定放弃"教育和课程"这个方向，转战看上去不那么高大上的电商带货。用姜喆的话说，反正用户是要消费，与其让他们花钱买一堆无法保证品质的课程，还不如卖给用户货真价实的实物产品。至于我们心心念念的教育，就作为公益话题免费跟大家分享。后来我们的判断也被验证，当时非常火爆的一些课程账号纷纷翻车、爆雷，是我们一致的价值观让我们没有浪费时间，更让我们的事业规避了风险。

第三，合伙人要能优劣势互补。

网飞创始人里德·哈斯廷斯曾说过，公司不是一个大家庭，而是一支专业运动队。除了关系融洽、相处和睦，更要强调各自的专业性以及合在一起的作战能力。我们仨恰好是各有特长，可以打不同的位置。我在公司主要负责内容和公关，他们俩擅长内容和商业的结合，一个负责战略、开拓和创意，一个负责落地和解决。我们配合默契，在场上无须多余的语言，只要一个眼神就可以开展战术，确保每个位置都有最佳的攻防。好多次他们说的正是我所想的，或者他们想到了还没说，我就已经表达了出来。我们相互补充，彼此支撑，相互借力。很多时候，业务层面的突破都是三个人合力的结果，一个个创意、项目就在每天亲密无间的工作中产生。比如我在 2023 年《你好，我们》的超级演讲，就是我们在闲聊中发现的，这个项目要求团队有扎实的内容能力，兼具关键的商务开拓能力和坚实的执行制片能力，我们完美覆盖。在我写这本十几万字的书的同时，我们还在一起准备 4 万字的演讲稿，常常讨论到深夜，但是三个人再累都觉得很幸福。

第四，对方的缺点，可以被接受。

没有完美的人，每个人都有自己的偏好、不足。面对合作伙伴，不能用放大镜去找他的缺点，更不能因为自身偏好而在一些不重要的缺点上否定、排斥、拒绝对方。但我们心里要清楚什么样的缺点是不能容忍的，这应该在决定合伙之前达成一致。比如，我不能容忍控制欲过强、欺骗、性别歧视、没有同理心。有了标准，选择就不难了。

创业是一种生活方式，它需要创业者强大的自驱力、合作精神、与社会产生连接的强烈愿望，百折不挠，积极乐观。找到事业的合伙人，不亚于找到人生的合伙人。希望你也有此幸运。

小萌说

好的合伙人，须三观一致、性格互补、旗鼓相当，同时还能各自独当一面。最重要的是，彼此是精神支柱，团结一心，这样才有披荆斩棘的勇气。

合伙人"合"的不只是钱，合的更是一种精神、一份拼劲。

第 8 章

始终保持
更新

人生避难所：
让认知迭代成为终身习惯

2021 年底，我做了一个"小萌读书"项目，一年读 52 本书。这个项目分成两部分，一部分是每周二在微信视频号"李小萌的分享"直播讲一本书，另一部分录制成音频节目。有人说，你都这么忙了，还能保证一周一本书，一定是从小就有很好的阅读习惯。

我好想回答"是的，我从小爱书如命"，但我必须坦承，还真不是。在 2000 年之前，阅读不仅不是我值得炫耀的习惯，甚至是我的软肋。

我只记得小时候放暑假，我一个人特别孤独时读过《冰心全集》《小布头奇遇记》。那是我生命早期为数不多的细腻的阅读记忆。再大一点儿，读三毛、琼瑶、金庸，读《呼啸山庄》《简·爱》这些女性作品。我从来没有如痴如醉地啃过大部头，到现在我都不敢说自己认真读完过四大名著，只能算浮皮潦草地翻过，我大概不算一个合格的文科生。上大学时，我喜欢上了一个爱书如命的男孩，他是我的初恋。我们在一起 10 年，他花了大量的时间和金钱买书、读书、藏书、收集孤本。怎么形容其藏书之巨呢？在满墙的书柜里，他的藏书可以按颜色码放出赤橙黄绿青蓝紫的渐变。那个房子是我们打算结婚用的，所以在我心里，那个书房也是我的，我迟早可以读一读那些品位一流的书，抚摸它们烫着金字的书脊。

我阅读的分水岭出现在 2001 年底，那年有两个变化，一是我来到了《东方之子》栏目，要去面对学者、艺术家、企业家，需要大量阅读以增加自己的积累；二是我和初恋分手了，那一屋子精美的书再也没机会抚摸了。我就是"有花堪折直须折，莫待无花空折枝"的现实版，我说的"花"，是那些书。

于是，自己买自己看，阅读就这样在我的生活里占据了越来越重要的位置。大量的阅读是一种专注力训练，我的阅读专注力训练是在《东方之子》完成的。

2001 年，我做了一年的早间新闻节目停播。《东方之子》制片人觉得我专业靠得住，做事也踏实，很愿意让我去做采访人，但台里的主管领导说："你要做记者？你们播音系出来的不会采访，这是有目共睹的。"

我当时从中央电视台《半边天》栏目调到新闻中心新闻评论部，那是我一直向往的，是新闻人的精神家园。但我在那里依然遭遇出身歧视，尤其是对播音系学生的刻板印象，比如觉得播音系的不如电视系的，广院的就比不过北大的，等等。好在这位领导说他虽然不看好，但不会拦着我尝试。于是，我就从负分起步，去了《东方之子》节目。我也许不会做采访，但我会做功课。我用最笨的方法，把和被采访者相关的所有资料找来，逐字逐句地做功课，没错，是"所有"。

你好，我们

那真是海量的资料。

因为被采访者都是知名人物，网上资料随便一搜能搜出二百多页。把所有内容全部粘贴到文档里，用小五号字，也要有几百页，我要从头到尾快速过完。如果被采访者有著作，不管是学术著作还是个人传记，以及别人写他的相关著作，我都会要求自己看完。也就是从那个时候开始，我对长篇阅读的抗拒感和恐惧感忽然消失了，甚至因为职业训练有点儿喜欢沉浸在长篇阅读中。

除了文字内容，我还要去看他曾经接受过的所有采访，别人问过什么，我绝不重复；别人问过但对方没有展开回答的，我就换个说法再问。就这样，10 个问题，来回斟酌，一个星期的准备时间我都觉得不够用。

我至今都还记得，当年神舟六号发射的时候，我负责《东方之子》的采访，同屋住的是消息类报道的新闻记者。消息报道通常只负责解决掉 5 个 W 就可以，不需要看太多的书或资料。她看我床头摆了四本传记，叫道："我的妈呀，做人物采访需要这样吗？"

准备得是否充分，当事人一眼就能洞穿。香港回归五周年时，我去香港采访香港特别行政区首任立法会主席范徐丽泰。采访完，她用港味普通话说："小萌，看得出来，你做了非常充分的准备，谢谢你。"

我的确事先读了好多她的资料，比如，她捐出左肾救女儿；她终身不化妆；在香港回归的关键时刻，她碰到了什么冲击；等等。她讲什么我都知道，都能接得住，她也能感受到我知道，这个时候她给出的回应就完全不同了。

采访全国人大常务委员会副委员长成思危时，他说："这个小姑娘，我记住你啦。"采访柳传志时，我还不到 30 岁。我一坐下就说："柳总你好，我可是您的客户，我家第一台电脑就是联想的。"之所以这样开场，就是为了能够和对方站在平等的位置上对话，让他不看轻你。这份底气靠的是什么？就是靠之前大量的案头工作。

案头工作不只是为了准备那 10 个问题。很多时候，我带着 10 个问题去，结果可能在现场问的是另外 10 个问题。

我印象最深的就是采访诺贝尔物理学奖获得者丁肇中。坐下后我问了第一个问题："我感觉您对自己每一个人生阶段都有很明确的选择，小时候对科学感兴趣，大学时锁定了要研究物理，每做一个实验也是力排众议，自己坚持下来。一个人怎么能够每一次选择都这么坚定和正确呢？"

这是《东方之子》采访的常规问题，也为后边的展开做铺垫。

然而丁肇中说："不知道，可能比较侥幸吧。"

我又追问："在这里面没有必然吗？"

丁肇中依然回答："不知道。"

我还是不死心："怎么才能让自己今天的选择在日后想起来不会后悔？"

丁肇中的语调几乎没变过："不知道，因为我还没有后悔过。"

我汗都下来了，这怎么办？虽然《东方之子》播出只有 8 分钟，但每次也得需要 45 分钟以上的采访素材，才能去粗取精。

后来我说："丁教授，您是我碰到的第一个被问了这么多问题，都回答'不知道'的人。您完全可以给我一些常规的答案，哪怕是敷衍我，您为什么要这么直白呢？"

面对这个问题，他话多了起来："是！不知道的绝对不能说知道，瞎说对于我们做科学研究的人来讲是绝对不允许的。知道就是知道，不知道的不能瞎说。"

一下子，刚才凝固的局面全部打开，所有的"不知道"都有了价值。

我中学时的班长大学学的阿拉伯语专业，跟何炅是同宿舍，现在在外交部阿语司。他说，阿拉伯语种存在大量句式倒装、关键词后置的情况，经常一个长句子里，最后一个关键词不出来，你都不知道这句话想表达什么意思。在做首脑对话同传的时候，他就像站在悬崖边上等着那个词，每一场同传都像"死"过一次。

采访丁肇中的时候，我就感受到了这种悬崖边的压力，一直在找突破口。当我问他为什么如此直白地说不知道，他的正面回答让前面的所有回答就都通了，甚至让整个访谈更有意义，也更加丰富。内部评奖时，有专家说李小萌这个采访很失败，问的问题没有质量，我听了笑笑，心里没有任何不平，最后还是拿了奖。

当时我的主管领导陈虻，中国电视栏目化纪录片的开创者，他对我的评价是："小萌的问题不是那么犀利，但你仔细听，都问到了点儿上。她要不就是绝顶聪明，要不就是特别会做准备。"我知道我不是前者，只是下了笨功夫，用大量的读和写给自己撑着。也就是从那个时候起，我慢慢建立了阅读和写作的习惯。他的话一直给我鼓励：要么靠天赋，要么下功夫。2008年，年仅47岁的他去世，想来，比我现在的年纪还小3岁。

一年之后，台里吃年终饭，当时支持我去《东方之子》尝试的领导过来说："小萌，你改变了我们对播音系的人不会采访的印象。"一年的努力，才从负分归零。

《东方之子》带给我的成长，一是阅读本身，让我从被动阅读到主动阅读，从小量的、零散的阅读到大块的、长篇的阅读；二是读人识人，每一次做采访，其实都是在读人。

我曾采访过复旦大学陈思和教授，当时他是复旦中文系主任，现在是复旦人文学院副院长。他上任系主任之初，就对中文系进行了课程改革，给一二年级开设了文学精读课，并且安排中文系最好的老师来上课，让学生入学后用两年的时间精读文学史上的重要作品。我问他："人文学科不像自然学科那样，成果实打实，看得见、摸得着，而您多年坚持不懈地在人文学科里研究、探索，意义和价值在哪儿？"

到现在我都记得他的话。他说："王安忆写过一篇文章，那篇文章是写我的，她用了一个比喻说，陈思和研究的东西就好像是一个城市外面的一座森林，这座森林跟城市里面的人似乎毫无关系，可是因为有了森林的存在，城市里的空气才得到调节，人们才生活得更好。"

这段话，让我特别感动，它形象地描述了人文学科之于社会、人文素养之于人的重要性。

有了女儿后，这种感触就更加深刻具体了。看到她的淘气可爱，我经常会想起冰心写的一些场景。冰心说她小时候看姐姐写毛笔字，自己也跟着抄，结果她妈妈看了之后哈哈大笑。因为她坐在姐姐对面，抄的全是倒字。具体的描述早已记不清了，但她字里行间那种家庭温暖的氛围，却在几十年后、我身为人母后的某个瞬间，突然在脑海里冒出来。有时候看着本本，就像看着冰心书里的那个小孩一样，特别想要给她呵护和宠爱。

很多人把掌握知识和技能当成了学习的唯一目标，我不这么认为。阅读和学习，更重要的作用是让我们的认知始终保持开放性，保持迭代和系统升级的可能性。所以，有了女儿后，读书就不只是我自己的事，也成了我和女儿之间特别重要的纽带。

女儿小的时候，我特别羡慕那些手巧的妈妈，有的妈妈亲手给孩子做的演出服比买的还漂亮。可是当我也尝试陪女儿一起折纸或是做手工，女儿还没烦，我已经烦躁得不行——做得完全不像样，从成品到心态都很失败。我的这种情绪又传染给女儿，搞得她也没了兴趣。

后来我意识到，在陪伴孩子时，你不能拧巴着自己去迎合，否则大概率就是我这种结果。你得选你能做、擅长做、真正喜欢做的事，那样孩子就会自动被你感染，投入其中。

于是我就想：我毕竟是播音系毕业，讲个书还不在话下，为什么不多给她讲讲书呢？所以从女儿特别小的时候，我就给她读绘本。我跟她说，当你生气或者感觉无聊时，最简单的方式就是找一本书来找妈妈读。所以后来，她觉得无聊时，就会抱着个绘本向我走来。甚至在她情绪崩溃大哭后、稍稍冷静下来还抽泣的时候，她都会说"妈妈讲书，妈妈讲书"，她知道这是救她的一个方法。拿出一本好看的、温暖的绘本，她就哭声渐弱，进入书的世界了。书成了我和女儿最重要的陪伴方式，也逐渐养成了她自主阅读的能力。

2020年疫情开始的时候，大人孩子都居家了。那年女儿8

岁，我俩最喜欢的消磨时间的方法，就是窝在床上读那套卢俊送的"企鹅青少年文学经典系列"。

那天读的是《海蒂》。海蒂有没有回到爷爷家？她跟那个女孩到底能不能成为好朋友？读到这些地方，我俩并不会直接翻下一页，而是会暂停，各自去猜。每次我女儿都能猜对，一翻过来看到故事情节是她猜对了，我就特别高兴："耶！你又猜对了，你怎么这么会推理啊？"一本静态的、白纸黑字的书，我俩读得分外热闹。

第二年初春，疫情还在继续，我和女儿在小区玩，草坪上的小草刚刚冒出一些淡绿色的细小的尖尖，女儿大喊着说："妈妈，你看，原来这就是绿雾啊！"

我们骑自行车，我卖力地蹬车，本本坐在我身后的车座上，抱着我大喊："妈妈，荒原上的风吹在我的脸上。"

乍一听，你大概会觉得，这孩子的词汇挺丰富但也有点儿奇怪啊。"绿雾""荒原上的风"来自我们一起读的"企鹅青少年文学经典系列"中的《秘密花园》。小主人公玛丽出生在印度，成了孤儿后被送到英国姑父家。姑父的秘密花园成了玛丽的一个小城堡，在那里，她从一个苍白瘦弱的小姑娘，变得越来越有生命力。书中这样写道："沉睡了十年的秘密花园在他们的辛勤劳动下苏醒了，墙上、地上、树上、摇荡的枝条上、卷须上，已经爬上了小小嫩叶组成的无瑕的绿雾"，"毫无疑问，这荒原上那新鲜、猛烈的风让她受益良多。正如它带给玛丽好胃口，活络了她全身的血液，同样也启迪了她的心智"。文学对人的滋养，你根本不知道会在哪一刻显现，但它终将显现。因为阅读，女儿的感受更细腻了，更能捕捉自己、体会自己，对他人的同理心也更强了。阅读中体会到的情愫，会在生活中反射出来，让人柔软，让人良善。

阅读是好事，不过现在社会上很多人对阅读的倡导容易走向另一个极端，变成一种简单的"阅读主义"，认为"不阅读人生就完蛋了"。阅读是人获得成长的方式之一，无须因此引发焦虑。

我记得我参加的一次阅读分享会上，有妈妈问儿童文学作家、翻译家彭懿先生："彭老师，我的孩子不爱读书怎么办？""那就不读啊！"彭懿回答得特别干脆，"谁说一定要读书？我儿子根本不爱看书，但他现在也过得很好。"我当时为彭懿的观点拍手叫好。说到底，阅读不是目的，通过阅读来获得新知，坚持思考，让自己的认知处于更新迭代的"学习"状态才是目的。

从科学角度来讲，我们的大脑只要有足够的信息输入，就能保持活跃状态，从而让神经元不断更新，让大脑的认知带宽不断扩大。在现代社会，信息输入的渠道太多了，读书只是其中一种，它也并不比其他渠道更高级。事实上，自谷登堡现代印刷术流行以来，人类通过大规模文字阅读获得信息的历史不足 600 年，之前的几十万年，人类更多是靠口头交流、观察生活细节等方式获得经验和智慧。所以不习惯阅读是我们的基因决定的，哪怕是有阅读障碍也不足为奇。

阅读是很个人的事情，不爱读也不必苛求自己。但需要稍加注意的是，不要把自己的认知置于"舒适区"和"焦虑区"。如果认知滞留在"舒适区"，意味着我们内心的平衡状态会让我们走向封闭，下意识地设置屏障，认知也随之固化，从而日渐傲慢。如果认知滞留在"焦虑区"，对自己的无知过于恐慌，那也很危险，它会让我们的行动陷入更大的混沌。所以阅读并不是第一位的，学习和更新迭代的状态才是关键。

无论什么行业、什么人生阶段，内驱力和学习力都必不可少。无论通过哪种方式获取信息和智慧，都可以让我们成长。保持更新，保持学习的状态，就是对自己最大的奖赏。几年前，如果有人说"小萌你去创业吧"，我一定觉得对方在开玩笑。我怎么可能是做商业的料？而今天，我创立了自己的公司，从电视转战短视频，在别人准备退休的年纪，我反倒折腾起了自己的小生意。很多有趣的事一步步自然而然地发生，这无非是把学习能力从主持人行业迁移到了新的行业。

毛姆认为，人的自我主义会使他不愿意接受毫无意义的生活，因此，当他不幸地发现自己对某种崇高的、可以为之献身的力量失去信仰时，为了重拾生活的意义，他便会在与自身利益相关的价值之外再建立一些特殊的价值。毛姆还有本书，叫《阅读是一座随身携带的避难所》，我把这个书名当一句话送给你，当你遇到困境时，祝你可以找一个属于自己灵魂的避难所。

一
小萌说

要么靠天赋，要么下功夫。

阅读不是目的，通过阅读来获得新知，坚持思考，让自己的认知处于更新迭代的"学习"状态才是目的。

从直梯到方格：
找到开放性人生的支点

看我一会儿录制视频，一会儿直播，一会儿去做教育论坛的演讲嘉宾，一会儿主持活动，一会儿又在安静地写书稿，我女儿有一天忍不住问："妈妈，你究竟是做什么工作呀？"我亲了亲她的小脸说："你妈妈呀，她是个斜杠女青年。"

"斜杠青年"不是新生事物，甚至淡出了人们日常的话语体系，为什么？因为单纯追求斜杠，有可能会鸡飞蛋打。真正可以持续的斜杠，虽然看上去工作种类多，但其实运用的是同一个核心能力，女儿眼里那些不同的工作只是形式不同而已。也有另外一种可能——确实跨界了，运用了不同的核心能力，但实际上每个阶段侧重点不一样，并不是一起发展的。

我并没有主动追求"斜杠"，但我接受多样性。这对我来讲也是不小的突破。

《东方之子》时期，我采访了大量各界成功人士，总结他们的发展轨迹，大多是青年时期确定自己的志向，一头扎进去，再抬头已经几十年。但随着互联网的普及，新兴职业的出现，多任务工作成为可能和趋势，比如以下这个常见的画面：刚在搜索网页上查完资料，就又去回复邮件；打开文档做一下数据，微信消息又来了。每个人手上都同时推进着不同的任务，在过去，这叫不专心，现在这叫多任务处理能力。这项能力，也给"斜杠"增加了可能。

在我从坚信"从一而终"到成为一个所谓"斜杠女青年"之后，我观察了自己的变化。

第一，学习能力和优势平移能力提高了。我大学专业是播音主持，后来因为工作需要，我学会了剪辑视频、撰写稿件、管理节目经费和人员；在家做全职妈妈期间，通读亲子养育类书籍，为自己重返职场确定了新的领域；做自媒体，快速掌握内在规律，适应新生态的要求。

第二，安全感在提升。以前必须背靠大树，现在相信从 0 到 1 可以实现，相信自己有解决问题的勇气和能力。

第三，不再抵触营销，充分达成合作。我现在的创业离不开我的个人 IP，如果继续坚持以前低调行事的风格，那我此刻连这本书都写不了。至于合作的话题，在合伙人部分讲过。

"斜杠"其实就是让自己更敏捷一些，更多元一些。那些"斜杠"正是你人生之梯的延展，将单一的线条延展成方格，进一步延展成一个面。很多人会说，大部分普通人根本没资格斜杠，那不就相当于心猿意马、没有定力吗？还真不是，因为即使是很普通的人，在自己的主业之外，也应该找一两个其他选项。虽然我们比不上真正的牛人，但是在同等梯队里，我们会因为这种斜杠和方格思维变得更有竞争力，不是吗？

你好，我们

说到斜杠青年，达·芬奇可谓斜杠青年的鼻祖。世人认识他的第一个标签都是"画家"，他的《蒙娜丽莎》《最后的晚餐》可能是世界上最有名的画作。而实际上，达·芬奇在快30岁时写过一封求职信，信的前十段都是在极力推销他的工程师专长，包括设计桥梁、水道、大炮、装甲车辆等，直到最后一段才提了一句"我也会画画"。

　　建筑家、雕塑家、工程学家、发明家……都是达·芬奇的身份，他还发明了很多兵器，甚至研究过人体解剖学，并开创了一种新的解剖图形式。他还是历史上第一个完整描述人类牙齿构成的人，要不是因为他突出的地方太多，掩盖了这个贡献，他完全可以被尊为牙科学的先驱之一。

　　达·芬奇的脑子里好像压根儿没有学科、行业的界限，很难区分哪些是艺术，哪些是科学。在他的整个职业生涯中，他的作品几乎处处都体现着这两者的完美融合。比如画画，他不像我们以为的那样只注意颜色、线条等。他会研究光学，了解瞳孔对光线的反应；研究解剖学，搞懂人体肌肉的分布和状态；研究河流走向、宇宙规律这些看起来八竿子打不着的事。

　　虽然在很多人眼里，作为艺术家的达·芬奇好像不务正业，一会儿去研究鸟，一会儿去解剖人体，一会儿又去研究水流和自然，但是在他看来，科学和艺术是不分家的。因为他了解光线如何照射在视网膜上，所以才能画出《最后的晚餐》的透视效果，也正因为他研究嘴唇的肌肉和神经，才成就了《蒙娜丽莎》那个神秘而迷人的笑容。

这让我想到了苹果的创始人史蒂夫·乔布斯。乔布斯在上大学时，去旁听艺术字设计课，爱上了各种衬线字体和无衬线字体，学会了如何设置合适的字距和行距。这在当时看似没什么用，后来，在设计苹果电脑时，这些知识和能力都派上了用场。苹果电脑可以支持许多种字体，这也成了苹果的产品特色之一。你说，乔布斯当年选择旁听的时候，能想到以后设计苹果手机和电脑会用得上吗？

除了接受"斜杠"之外，把职业生涯看成方格架的观念，也推动了我。

《财富》杂志的帕蒂·塞勒斯说"职业生涯是方格架，而不是竖梯"。谢丽尔·桑德伯格的《向前一步》也提到，人们最常用梯子来比喻职业生涯，但这个概念已不再适用于大多数人。进入一个公司然后待在那里一步步往上爬的时代已经过去了。

我大学的室友现在在硅谷工作生活。在她意外怀了二胎后，综合身体因素和陪伴孩子等多方面的考虑，她选择了辞职。辞职之后，她对离开工作的状态很不适应，心里充满焦虑。在社区同龄宝宝的妈妈群里，她观察到很多妈妈都和她一样选择辞职，却可以非常享受全职妈妈的生活。等到孩子上幼儿园或不再需要全天候陪伴后，妈妈们的选择各有不同，有的继续全职在家，有的重归老本行，让我同学印象深刻的是有的妈妈选择了完全不同的赛道。一位妈妈生宝宝之前是一名律师，两三年后，等孩子上幼儿园了，她已经成了一名专业健身教练。她说："我一直想当一个健身教练，这次借生孩子的契机，我终于停下来，考了资格证，真正开始投身我

你好，我们

喜欢的事业。"在我同学看来，跨界跨到这种程度简直不可思议，与此同时，她的焦虑感也降低了很多。

竖梯会限制人的行动——要么往上爬，要么往下退，要么站在阶梯上，要么跌下来；而方格架能让一个人拥有更多探索的可能。要爬到梯子的顶端只有一种方式，但要爬到方格架的顶端则有很多种方式。在竖梯上，大多数攀爬者都不得不盯着上面一个人的屁股。而方格架可以为更多人提供更宽广的视野，不再只有站在最顶端的人才能看到最美的风景。方格架的比喻适用于每个人，尤其适合那些处于事业初期、转行阶段、由于外部障碍止步不前，或休息一段时间后准备重新进入职场的女性。

"方格架思维"不仅是一种灵活生长的能力，更是一种反脆弱的能力。很多人不理解反脆弱到底是什么意思，以为是反对脆弱。实际上它的意思是，当我们面对困难并战胜困难时，身体和意志的承受力、免疫力都会增强，由此获得的能力就叫作"反脆弱力"。打个比方，我们平常健身锻炼后，肌肉都会酸痛，这是因为肌肉出现了轻度撕裂，而在慢慢复原的过程中，我们的身体机能得到了增强，身体更加健壮、心肺功能优化等反脆弱现象就出现了。

我经常去骑行，领队的老师非常专业，无论是身体素质、专业知识，还是组织能力、服务意识都很出色。闲聊中我问他："你平常不当领队的时候在做什么？"

他笑着说："别提了，我原来是做境外旅行导游的。"

疫情以来，第一批倒下的就是做出境游的公司。但是神奇的是，他不但没失业，反而因为一直以来的骑行爱好，立刻变身为一名出色的骑行领队，艰难的三年疫情中，他从未停止过接单。专业的技术加上之前做导游的经验，让他成为北京骑行圈里数得上的人物。看得出来他对骑行是真的热爱，本来每周领骑就已经很辛苦了，但他不过瘾，还会在骑行中"一不小心"又多骑一段。他在事业遭受灭顶之灾后并没有选择妥协，反而找到了自己的反脆弱路径。

用"在方格架上攀爬"来描述我的创业和再创业经历真是再合适不过了。过去，我从来没想过要成为作者、做跟读书相关的事业。然而，正是先前的积累推动我自然而然地走到这个方向。

之前的阅读多是工作需要，从怀孕开始，我开始大量、系统、自发地阅读，为迎接一个新生命、迎接自己的新角色做好全方位的准备。当时，从尹建莉的《好妈妈胜过好老师》到李跃儿的《谁拿走了孩子的幸福》；从弗洛伊德到蒙台梭利、荣格、温尼科特、约翰·鲍比、简·尼尔森，再到唐登华、赵旭东、武志红；从实战派、经验派，再到探寻背后的理论基础，我深度阅读了不同时代下的经典作品，涵盖发展心理学、认知心理学、精神分析、家庭治疗等多个领域。

我虽然不是那种记忆力超强、过目不忘的人，但是这些书带给我的情感触动和认知上的刷新，一直潜藏在我的意识里。

时隔六七年，当我准备写《你好，小孩》时，这些书中的关键认知就自然而然浮现在了我脑子里。我以为很多书和笔记我都找不到了，结果去书柜里一翻，迅速就翻出高高的一摞。养育的经历、

你好，我们

阅读的经历，还有我以往新闻采访、人物访谈和田野调查的经历，构筑了我写第一本书的底气。

这也是我第一次深切体会到，那些数不清的、面目可能都模糊了的作者，其实成了自己精神内核的一部分，那些读过的内容经过我自己的消化和加工，重新塑造出全新的认知。

后来做短视频的时候，我就在想，除了比较宽泛的内容输出和商业变现，还能不能有一个自己的精神家园？于是，一个新的方格诞生了——"小萌读书"项目。虽然读书项目我的很多老同事都做过了，但我仍然想做，因为我切实体会到了从阅读当中获得的心理支持，我也希望能通过分享将这种支持传递给更多人。

从 2021 年年末开始，我每周二晚上 7 点半在视频号直播，分享我读过的一本好书和心得。除了有一次出差信号不支持没法直播，基本每周雷打不动地坚持了下来。从商业产出上衡量，相对于我花的时间和心思来说，这个读书项目甚至是"不划算"的，直播间里多的时候几十万人，少的时候也就几万人，并不会带来多少直接收益。但是对我来说，每周的这一两个小时既是分享，也是对我自己的一次阶段性梳理。不管在线人数多少，那种交流和互动是我的成就感和意义感的重要来源。

我清楚地记得当看到用户留言说"听完你讲的《我们为什么要睡觉？》，我 12 岁的孩子再也不晚睡了"，我那种由衷的开心是无以言表的；当我分享《肠子的小心思》，很多人困扰已久的便秘和肠胃不调，因为掌握了新知、采用了书中的方案得到了缓解；当我和冯唐连线分享《金线》时，很多人因此重新认识了表达和做事的新原则，事业得到了进阶……

在我们的读者群里，很多人都在认真地写笔记、发心得，同事每周会将那些留言整理、打印出来，厚厚的一沓，我每次都要看好久。无论是亲子教育、女性成长、心理自助，还是个人精进、健康生活、财富管理、人文社会的主题，那些实实在在触动过我、帮助过我的书，也实实在在触动了他人、帮到了他人，作为一个内容创作者，这不是最大的奖赏吗？

太多这样温暖又治愈的时刻，就在每周的"小萌读书"的分享中获得了。最近，有个大品牌打算冠名这个读书栏目，其实我最初做分享主要是为了自己的成长，为了给自己找一个"向内走，安顿自我"的心灵和精神的应许之地，但最后，却慢慢生长成了一个对外合作的界面。所以，很多时候，我们并不能设计自己的人生和未来，但是如果我们真的用心注入，努力实现自我，完成自己的心念，那么或许在下个转角，老天的馈赠就不期而至。

积极心理学创始人马丁·塞利格曼提出，一个人获得幸福感的五个要素分别是：积极的情绪、投入的体验、好的人际关系、有意义的生活、成就感，他将其称为 PERMA 模型。这些要素就好比人生殿堂的五大支柱，是一个人幸福体验最重要的支撑。

我发现，"小萌读书"的选书思路，与这五个方面不谋而合：无论是像《津巴多普通心理学》《真实的幸福》这样有严谨科学基础的心理学著作，还是像《你当像鸟飞往你的山》《也许你该找个人聊聊》这类泛心理自助的书，都是给人提供心理支持。健康的心理是积极情绪的关键。

《热锅上的家庭》等亲子教育、家庭教育类的书，是在帮助我们完善亲密关系、人际关系，获得更好的关系支持；而《向前一步》《福格行为模型》《小狗钱钱》等个人成长、财富管理类的书，带领我们提升认知、技能，实现目标，获得成就感；《列奥纳多·达·芬奇传》等社科类的书，则让人打开视野，在更大的空间和时间尺度上，找到自己与世界的位置，探寻人生更丰满、更充沛的意义。

当我不断地输出，我的输入能力也在不断提升。比如，以前我看书不看目录，总是拿起来就读。而现在我会先看目录，了解全书的脉络逻辑。这样在阅读过程中，任何部分都不是割裂的，你会大概了解它在整个框架中的位置、它与其他章节的关系，从而更利于抓住重点。过去我读书更注重细节，而忽略"大意"，现在两者结合起来，"观大意"和"烹小鲜"都能兼顾，理解起来更加高效。

再比如，阅读的习惯和方法也因此得到了质的提升。现在我读书的时候，手边不能没有笔，重要的地方一定要做记录，有时是在旁边写几句随笔，有时也会专门去写读书笔记，一边输入一边输出，不仅增强了阅读的效率，也让我阅读后的记忆、检索和再输出的效率事半功倍。

现在，我的卧室已经有点儿像我初恋男友的书房，只不过不像他那么整洁有序，四处都是书——床头摆着随手能翻的、书桌上有要"交作业"的，墙角也摞着半墙高的书。到处都是书，我也不拿出来示人，它们陪伴了我生命中很多重要的时光，让我内心更加充盈而踏实。那么多人的思考和分享，已经构成了我生命宽度的一种"假借"式的拓展，它们如同我生命体验中那些无法描述的网格，完成了无数我无法体验却可以靠想象理解的人生新疆界，每一本书都让我更加自由，更加敏捷，更加开放。

一 小萌说

要爬到梯子的顶端只有一种方式，但要爬到方格架的顶端则有很多种方式。

很多时候，我们并不能设计自己的人生和未来，但是如果我们真的用心注入，努力实现自我，完成自己的心念，那么或许在下个转角，老天的馈赠就不期而至。

重新理解身体：
做一个幸福的人

　　我女儿 11 岁了，马上进入青春期，我们经常会讨论相关的话题，她逐渐脱离儿童的样貌，出落成一个可爱的小少女，让我感到生命的美好和旺盛。作为一个女儿的妈妈，我首先要做的就是引导女儿从接纳自己的身体开始接纳自己，这也是作为我，一个 50 岁的女性，最深刻的生命体验。

　　如果你时常觉得不放松，总觉得别人用评判的眼光看自己，总想着要减肥甚至整形，无条件认可别人对自己的负面评价，这些表现可能是因为对自己的不接纳。接纳是什么？不是不求上进、不图改变，而是敢于在自己面前、在别人面前袒露真实的自己。我到了 50 岁，才可以做到对自己说："我有赘肉，有法令纹，有小雀斑，我承认。但这就是我呀，此刻的我已经很努力了，我对我自己很满意。"

　　因为知道不接纳自己要吃的苦，所以我在女儿很小的时候，就注意引导她接纳自己的身体，认同它是美好的。

　　女儿 1 岁 7 个月的时候，有一次正玩着，她突然说："拉屎！"我抱起她到洗手间，让她坐在她粉色的袖珍小马桶上，我蹲在她旁边陪着。她在用力，小脸都憋红了，看着真有趣。我家阿姨经过，用手在鼻子前扇着假装嫌恶地逗她："呦，谁拉屎啦，好臭啊！"女儿立即又羞又恼地紧搂我的脖子说："不要拉屎，不要拉屎！"我赶紧解围："没关系，每个人都要拉屎，都臭臭，妈妈和阿姨都拉屎，粑粑臭臭身体壮。"女儿平静下来，坐回小马桶上，看着我的眼睛，说："谢谢妈妈。"我当时心里一动，这么小的孩子，她谢的是什么呢？我想她谢的是自己的身体没有被耻笑。渐渐地我发现，她真的很喜欢自己，她的脸上有两个很小的痣，她会说："妈妈你看多可爱。"她会对着镜子说："我真美。"我真的很欣慰，这是我从来不曾对自己说过的话。

女儿第一次发现我的生理期，有点儿担心又好奇，问我为什么会流血。我说："我们女生的身体里有个很神奇的小房子，从我们 9 岁、10 岁开始，这个小房子就建好啦。为了让它总是温暖的、健康的，每个月都需要重新粉刷、清理墙壁，最厉害的是，我们是用自己的血液来清理这个小房子。你知道这个小房子是干什么的吗？"

女儿："是生宝宝的吗？"

我："太对啦，你就是从妈妈的小房子里降临到这个世界的。"

讲这个故事的时候她还小，现在真的快要用上了，我们已经讨论过如果她第一次生理期来了她会经历什么，又该如何处理，希望她可以从容面对。

在这方面，我可以算得上是女儿的护卫，尽量矫正着外界对女性的偏狭。

她喜欢爬家里的门框，阿姨说："快下来，一个女孩，不像话。"我说："阿姨，如果爬门框危险，那男孩也不能爬。"

带她去体检，医生问："还没有来月经吧？"女儿说："还没。"医生顺口说："没来好，又脏又烦人。"我接过话茬："嗯，开始都有点儿不习惯，慢慢就好了，该来不来才烦人呢，哈哈哈。"

我知道，我不可能一直陪在女儿身边保护她，我只能在有限的时间里，抓住一切机会让她知道，女性只有接纳自己的身体，不觉得它是不洁的、污秽的、比男性低下的，才有可能进一步接纳自己的个性和所经历的一切。

2023年，我就整整50岁了，真正到了知天命的"中场时刻"。任何人变老都是不可逆的，我并不因为身体一天天地衰老而觉得悲伤，我也从不曾试图去刻意挽留青春，更不愿意把逆龄当成自己不必要的负担。该来的，该遇见的"人生下坠"，都会纷至沓来。最让我开心的是我对自己的接纳，我接纳我的身体，我接纳我的年龄，我接纳我的过往，我接纳我的选择。

接纳了身体，才能更好地维护它。我开始注意我身边的医生、营养师、健身教练、医美医生、保险顾问，和他们成为朋友，让我受益良多。

每年一定要体检，除了常规检查，女性还要注意乳腺和子宫颈检查，如果已停经，体内雌激素减少，则心脏病风险会高于男性，需要进行运动心电图检查。我在体检中，就曾发现一些问题，不同科室的医生给出了相同的建议：健康饮食，适当运动，心态放松，保证睡眠。这十六个字，再普通不过，却是我们保障健康状态的四要素，对我帮助很大。

营养师对我的帮助，已经不仅限于我的健康，还包括了我的事业。是她坚决要我吃辅酶 Q_{10}，缓解了我心脏的不适，也是她告诉我维生素 B 族、维生素 C、维生素 D 在增强身体免疫力上多么重要。营养的平衡、膳食营养补充剂的合理应用，在疫情期间，帮助我和家人、团队、直播用户平稳过关。每次我的直播要上新的营养素，我都会和营养师开会，争取把科学客观的营养学常识清楚地讲给大家。我甚至自己去考了一个营养师资格证，希望可以为身边的人和我们的用户提供更专业的服务，等这本书出版了，考试结果也该出来了。

健身教练带给我的是正确的健康审美和具体的训练方法，训练不再是为了瘦，而是为了健康。在专业教练的指导下，给身体恰如其分的训练：有氧训练可以提升心肺功能，修复毛细血管；力量训练可以稳定代谢，塑造体形。每天 30 分钟中强度训练，是我保持状态、稳定血糖的重要日程。

医学美容要不要做？我的观点是，光电类项目可以适当做；肉毒杆菌可以适当打，但一定要去正规诊所；在和医美医生沟通时，要有自己的主见。需要动刀见血的项目我不会做，我可以接受通过一些简单安全的方法让自己保持状态，但不接受改变自己原有的样子。我很幸运我有一位专业、克制的医美顾问，她让我了解这个行业，也给了我代价最小的良好状态。

保险，应该是我们每一个女性的底气，重要性排序是：医疗险＞意外险＞重疾险＞寿险。这些险种我都有所涉及，它们让我在创业时不用瞻前顾后。女儿那次骨折，我之所以可以硬气地不找学校赔偿，也是因为我给女儿买的医疗险全面赔付了。买保险，我更倾向于找保险经纪顾问，他们可以综合各家保险公司产品，为你定制个性化解决方案。

为什么要罗列这一系列的生活助手？我想告诉已经读到这里的女性，生活质量不一定是住多大的房子，开多贵的车，而是有意识地运用现代社会的细化分工带给我们的服务，为自己做好规划和安排。这不仅可以提升生活品质，还可以增强我们的抗风险能力。对了，你还可以养一只猫，人类在抚摸猫咪的时候，体内会产生一种幸福催产素，可以让人的心情变得平和。我睡不着的时候，只要握着我家猫咪的小脚，就可以很快入睡。

有人说我现在到了最好的时候，我知道这说的肯定不是我还年轻，而是说我越来越自由和松弛，有自己明确的目标，并愿意为此尽最大努力。我真正的创业生涯刚刚起步，无论做节目，做公益，做阅读推广，做短视频内容，还是做直播，我只关心一点：我做的事能不能真切地帮到别人从而再帮到自己，或许是我的家人，或许是我的同事，或许是国货品牌，或许是偏远地区的农户，等等，如果我的努力可以真正帮到他们，我的存在就是有价值的，这也会让我的内心和生命更加充沛、饱满而丰盈。

人生半场已过，我越来越明白，人生是一段漫长的丧失之旅，只要继续走，就会继续失去。但是在失去时，也要致敬岁月，它给我人生的历练和沉淀，那些所有我曾经经历的苦难和波折，也在重塑着我，让我有足够的勇气和力量来抵御身体的衰退，让我找到人生的终极方向，找到生命的意义所在，在努力成为自己的路上更加坚定地走下去。让我从取悦他人慢慢转变到取悦自己，从评判自己到接纳和爱自己。无论怎么努力，其实我们都是在积极地追求一个更加健康的身心，也只有处在这种状态下，我们的人生才会真正地自洽、自在、自如。

那天我问创业导师："我这两年没有让您失望吧？"

老师说："你怎么样都不会让我失望的，因为我对你没有期望，所以你做到什么样子都是好的，而且我相信曾经优秀的人还会优秀。不看成绩，我只看你现在充实、积极、笃定，这就很好。"

我也问我的女儿对我有什么评价，那天临睡前，她钻进被窝后对我说："妈妈，我为你感到骄傲。"我很惊讶，问："为什么呀？"她说："你都 50 岁了，还有跟年轻人一样的审美，很开放的思想，还能和我笑、和我闹。"

他们使我理解了一句话：让自己幸福，就是对世界最大的贡献。

所以，在这本书的最后我想告诉你，如果是比我年轻的朋友，我希望其中有你需要的启发；如果是我的同龄人，我希望我们能够并肩前行，相互勉励；如果是比我年长的大姐，我希望你可以像大姐看小妹妹说傻话一样，温柔地会心一笑。

一小萌说

女性只有接纳自己的身体，不觉得它是不洁的、污秽的、比男性低下的，才有可能进一步接纳自己的个性和所经历的一切。

生活质量不一定是住多大的房子，开多贵的车，而是有意识地运用现代社会的细化分工带给我们的服务，为自己做好规划和安排。

小萌书单

《5% 的改变》
李松蔚

《软瘾》
［美］朱迪斯·莱特

《让天赋自由》
［美］肯·罗宾逊
［美］卢·阿罗尼卡

《反脆弱》
［美］纳西姆·尼古拉斯·塔勒布

《非暴力沟通》
［美］马歇尔·卢森堡

《好战略，坏战略》
［美］理查德·鲁梅尔特

《失控》
［美］凯文·凯利

《思考，快与慢》
［美］丹尼尔·卡尼曼

《有钱人和你想的不一样》
［美］哈维·艾克

《原则》
［美］瑞·达利欧

《非对称风险》
［美］纳西姆·尼古拉斯·塔勒布

《金线》
冯唐

《福格行为模型》
［美］B.J.福格

《小狗钱钱》
［德］博多·舍费尔

《你经历了什么？》
［美］布鲁斯·D.佩里
［美］奥普拉·温弗瑞

《活出生命的意义》
［奥地利］维克多·E.弗兰克尔

《请停止精神内耗》
［德］莎拉·迪芬巴赫

《0 次与 10000 次》
［德］吉塔·雅各布

《关于他人的痛苦》
［美］苏珊·桑塔格

《恰如其分的自尊》
［法］克里斯托弗·安德烈
［法］弗朗索瓦·勒洛尔

《津巴多普通心理学》
［美］菲利普·津巴多
［美］罗伯特·约翰逊
［美］安·韦伯

《真实的幸福》
［美］马丁·塞利格曼

《也许你该找个人聊聊》
［美］洛莉·戈特利布

《幸得诸君慰平生》
故园风雨前

《成为波伏瓦》
［英］凯特·柯克帕特里克

《好不愤怒》
［美］丽贝卡·特雷斯特

《请停止道歉》
［美］瑞秋·霍利斯

《向前一步》
［美］谢丽尔·桑德伯格

《你当像鸟飞往你的山》
［美］塔拉·韦斯特弗

《简·爱》
［英］夏洛蒂·勃朗特

《呼啸山庄》
［英］艾米莉·勃朗特

《阅读是一座随身携带的避难所》
［英］威廉·萨默塞特·毛姆

《正面管教》
［美］简·尼尔森

《妈妈的心灵课》
［美］唐纳德·W. 温尼科特

《好妈妈胜过好老师》
尹建莉

《谁拿走了孩子的幸福》
李跃儿

《热锅上的家庭》
［美］奥古斯都·纳皮尔

《人性中的善良天使》
［美］斯蒂芬·平克

《列奥纳多·达·芬奇传》
［美］沃尔特·艾萨克森

《我们为什么要睡觉？》
［英］马修·沃克

《肠子的小心思》
［德］朱莉娅·恩德斯

图书在版编目（CIP）数据

你好，我们 / 李小萌著 . -- 北京：中信出版社，
2023.4

ISBN 978-7-5217-5361-5

Ⅰ . ①你… Ⅱ . ①李… Ⅲ . ①女性－成功心理 Ⅳ .
① B848.4

中国国家版本馆 CIP 数据核字（2023）第 029313 号

你好，我们
著者： 李小萌
出版发行： 中信出版集团股份有限公司
（北京市朝阳区东三环北路 27 号嘉铭中心　邮编　100020）
承印者： 文畅阁印刷有限公司

开本：880mm×1230mm 1/32　　印张：8.75　　字数：154 千字
版次：2023 年 4 月第 1 版　　印次：2023 年 4 月第 1 次印刷
书号：ISBN 978-7-5217-5361-5
定价：59.00 元